本书为大连市社科联（社科院）2017—2018年度重点课题
"手绘大连城市记忆"（课题编号：2017dlskzd093）研究成果

手绘 大连城市记忆

SKETCH COLLECTION: DALIAN MEMORY

Коллекция Эскизов: Память о Городе Далянь

手書 大連都市の記憶

韩士海 著

U0350491

企业管理出版社
EMPH ENTERPRISE MANAGEMENT PUBLISHING HOUSE

图书在版编目（CIP）数据

手绘大连城市记忆 / 韩士海著 . -- 北京：企业管理出版社，2018.11

ISBN 978-7-5164-1824-6

Ⅰ . ①手…　Ⅱ . ①韩…　Ⅲ . ①建筑画 – 速写 – 作品集 – 中国　Ⅳ . ① TU204.132

中国版本图书馆 CIP 数据核字（2018）第 251567 号

书　　名：手绘大连城市记忆

作　　者：韩士海

封面题字：韩士海

装帧设计：吴尚夫

责任编辑：侯春霞

书　　号：ISBN 978-7-5164-1824-6

出版发行：企业管理出版社

地　　址：北京市海淀区紫竹院南路 17 号　　邮编：100048

网　　址：http://www.emph.cn

电　　话：发行部（010）68701816　　编辑部（010）68420309

电子信箱：zhaoxq13@163.com

印　　刷：北京宝昌彩色印刷有限公司

经　　销：新华书店

规　　格：250 毫米 ×250 毫米　12 开本　　9 印张　　100 千字

版　　次：2018 年 12 月第 1 版　　2018 年 12 月第 1 次印刷

定　　价：68.00 元

序 言

坚定文化自信、讲好中国故事，是以习近平同志为核心的党中央着眼于坚持和发展中国特色社会主义、实现"两个一百年"奋斗目标和中华民族伟大复兴的重大时代课题，是党和国家做出的重大战略部署。如果把这一党中央精神从中央落实到大连，就应当是坚定大连文化自信、讲好大连故事。

大连在近代开埠建市。在中国近代史上，没有哪座城市像大连一样，从诞生之始，就遭受了刀光剑影、血雨腥风。两次鸦片战争，英国人的军舰打破半岛的宁静；中日甲午战争，日本对大连进行了摧残；沙俄强迫清政府签订《旅大租地条约》，沙俄在大连湾开埠建市；日俄战争，日本殖民者赶走俄国人，统治大连地区长达40年。

在前后长达半个世纪的殖民统治中，日俄带给大连屈辱历史的同时，也带来了异域文化，于是，大连就出现了众多的欧洲风情建筑和街道。当殖民者被赶走，大连重新回到祖国母亲的怀抱时，城市留下的老建筑也就成了大连地域文化的重要组成部分。

每一栋老建筑都是大连历史的载体，都有属于它的故事，把这些相关的历史贯穿起来就是半部中国近代史，这也是大连所独有的历史文化。所以，讲到城市的文化底蕴，大连完全没有必要不自信，因为大连有自己独特的历史文化积淀，所缺少的是发现的眼睛、挖掘的意识和提炼的行动。

本写生作品集是以大连的老建筑为题材，以写生为艺术表达形式，力求在呈现城市老建筑风貌的同时，为读者简要介绍相关的历史背景，让读者对其背后的大连故事有一个简单的了解，这在一定程度上也是对我们屈辱近代史的一次回顾。

从1898年沙俄与清政府签订《旅大租地条约》算起到2018年，整整120年，如果按照中国传统纪年是两个甲子。经过这两个甲子的轮回，如今，我们中华民族经历了从站起来、富起来到强起来的伟大飞跃，任人宰割、饱受欺凌的近代史时代已经一去不复返。但此时我们更应该清醒地认识到"看得见多远的过去，就能走得向多远的未来""不忘初心，方得始终"，只有铭记历史，才能矢志复兴。

Preface

Confidence in Chinese culture and telling stories of China well are the significant subjects of the new epoch for the Central Committee of the Communist Party of China with Xi Jinping as the core to consistently develop socialism with Chinese characteristics, achieve Two Century goals and realize the great national rejuvenation. They are also the major strategy for the Party and nation. If implementing it from the central committee's guidelines to Dalian, it means firm confidence in Dalian culture and telling stories of Dalian well.

Dalian has a short history. In Chinese recent history, there has been no other city but Dalian which suffered so much bloodiness and cruelty of wars. In two Opium Wars, British warships broke the peace of peninsula. In Sino-Japanese War, Japan devastated the city. Tsarist Russia forced Qing government to sign on the Convention for the Lease of the Liaotung Peninsula and after that Tsarist Russia began to build the ports and construct the city in Dalian bay. In Russo-Japanese War, Japan defeated Russia to take over Dalian and ruled it for 40 years.

Under semicentury colonial rule, Russia and Japan brought Dalian much humiliation as well as their cultures. Therefore, there have been many European-style architectures and streets in the city . When colonists left and Dalian returned to China, these antique buildings become a very important part of regional culture.

Every antique building which has its own backstory is the historical carrier of Dalian. When we relate these stories together, we can know nearly half modern history of China, which forms the unique culture of Dalian. So Dalian never lacks cultural deposits and heritages. What we need is the eye to discover, awareness to dig out and the move to extract.

This sketch collection depicting Dalian old architectures strives to present their styles and features. In the collection, the brief historical background of each building is introduced to help readers have basic knowledge of backstories and to some degree it is also a review of the humiliated period in Chinese modern history.

Since Tsarist Russia and Qing government signed the Convention for the Lease of the Liaotung Peninsula in 1898, it has been 120 years. In Chinese astrological calendar, it has been two Jiazi (60-year cycle). Now China is welcoming the great leap from being independent and rich to being powerful. The time when China was trampled and bullied arbitrarily has forever gone. But China should be clearly aware why and what people should learn from the history. China should never forget where she started and then the national missions can be accomplished. Only remembering the history can the great national renaissance of China be achieved.

Предисловие

В условиях, когда ЦК КПК во главе с его руководящим ядром товарищем СиЦзиньпи придерживается развитию социализма с китайской спецификой, реализации задач, намеченных к двум столетним юбилеям-столетию КПК и КНР, а также осуществлению великого возрождения китайской нации, важная задача этой эпохи и стратегический план по работе партии и государства состоят в укреплении уверенности народа в собственной культуре и умения повествовать о событиях китайской жизни. Следуя духу ЦК КПК в Даляне, необходимо укреплять уверенность в Даляньской культуре и умение повествовать о событиях Даляньской жизни.

Город Далянь был основан в период новой истории.В истории Китая ни один город не пострадал от войн так сильно, как Далянь. Во время двух опиумных войн британские военные корабли нарушили спокойствие полуострова; в период Японо-китайской войны, Япония разрушила Далянь; Царская Россия вынудила правительство династии Цин подписать "Русско-китайскую конвенцию", и русские основали город в заливе Даляньвань. Русско-японская война завершилась?победой Японии, поэтому японские колонисты выгнали русских и властвовали в городе Далянь на протяжении 40 лет.

Результатом полувекового колониального правления Японии и России стала не только позорная история города, но также изменился его облик, на улицах города появились здания в европейском стиле. Когда колонисты отступили, Далянь снова вернулся в лоно родины. Старинные здания, оставленные колонистами, стали важной частью культуры города Далянь.

Каждое старинное здание является носителем истории города Далянь, у каждого здания есть своя история. Если связать историю этих зданий, то можно узнать о половине всей истории Китая в новом времени. Эта история также является уникальной исторической культурой для города Далянь. Таким образом, когда речь заходит о культурной сокровищнице города, жителям Даляня необходимо гордиться своей историей, так как этот город имеет своё уникальное историческое и культурное наследие. Однако чего не хватает этому городу, так это людей, которые могут увидеть эту историю и осознать её.

Этот сборник эскизов основан на старинной архитектуре Даляня. Он стремится с помощью живописи кратко рассказать коррелятивные исторические событии для читателей, рассказывая об особенностях исторических зданий в Даляне. У читателей будет предварительное понимание об истории Даляня. Этот сборник, в определённой степени, напоимнает нам об унизительной истории нашего народа в новой истории.

С 1898 года, когда царская Россия и правительство Цин подписали "Русско-китайская конвенцию", прошло уже 120 лет, то есть два шестидесятилетних цикла по китайскому традиционному летосчислению. После этих двух шестидесятилетних циклов, современная китайкая нация встречает скачок : встала на ноги , стала жить лучшей жизнью и Китай превратился в сильную и могучую нацию. История притеснения Китая ушла навсегда. Однако в современном мире мы должны четко понимать, что "чем больше мы понимаем о прошлом, тем легче нам будет в будущем" и "только преданность первоначальной цели позволит довести начатое дело до конца". Только тогда мы можем помнить нашу историю и стать великой нацией.

前書き

党中央は習近平氏を中心に、文化に対する自信をゆるぎないものとし、中国の歴史文化の物語をしっかりと伝えていくことに着眼している。具体的には、中国の特色ある社会主義をたゆまず発展させることにより、「二つの百周年」の奮闘目標と、時代的重要課題である中華民族の偉大な復興を、実現することである。これは党と国家にとっての重大戦略である。この党中央の重大戦略精神を、大連における実践としてとらえるなら、それは、大連の文化に対する自信をゆるぎないものとし、大連の歴史文化の物語をしっかりと伝えていくことにほかならない。

大連の都市建設は近代から始まった。その都市建設の過程で、大連ほどその誕生から物騒な気配と残酷な殺戮の光景をかぶった都市は、中国の近代歴史上あまりみられない。イギリスの軍艦が半島の静寂を破った二度のアヘン戦争、日本が大連を深く傷つけた日清戦争、帝政ロシアが清政府に対する強引な《旅大租地条約》（「パブロフ条約」）の締結といった大きな流れの中で、まず帝政ロシアが、自らの都市としてダーリニー（大連）の建設を開始した。その後日露戦争に勝利した日本殖民者はロシア人を追い出し、大連の都市建設を行いながら、４０年間を統治した。

前後半世紀ほどの殖民統治者である日本と帝政ロシアは、大連に、屈辱と同時に彼らの文化を持ちこんだ。それゆえ大連は、中国大陸にあって早くから、多くのヨーロッパ風格の建築物を中心とした都市建設がなされてきたのである。殖民者が退却したあと、大連は再び祖国に復帰する。そして残された古建築物は、大連地域文化の重要な部分となった。

一つ一つの古建築は、いわば大連の歴史の保有者であり、それなりの物語を語っている。これらの物語を紡げば、中国近代史の半分を語ることができ、そのことは大連ならではの歴史文化の証明の仕方にもなるのである。このような視点は、大連を語るときだけに限らず、多くの都市の文化の実質を語るときに重要である。多くの都市は、それぞれが貴重な歴史文化を蓄積している。大切なのは、発掘の意識、発見の目、歴史的価値を精錬する積極的な行動である。

当写生作品集は、大連の古い建築物を題材に、写生芸術の表現形式を用いて、大連の古建築が歴史保有体であることを再現しようとしたものである。同時に、その歴史背景を簡潔に紹介することで、建築物が語る物語を読者の皆様にきいていただこうとするものである。私たちにとってはある意味、屈辱的な近代史に対しての回顧である。

1898年に帝政ロシアが清政府と《旅大租地条約》（「パブロフ条約」）を締結してから、今年で満120年になる。中国の伝統紀年法でいえば、ちょうど二つの甲子の輪廻を経たことになる。今日我々中華民族は、立ち上がってからのち、豊かになり強くなるという偉大な飛躍を実現した。ほしいままに人民が搾取され、いじめられた近代史時代は、すでに過去のことになった。ここで、我々は冷静に「振り返った過去ほど、未来に進むことができる」「初心を忘れずやりぬく」ことを認識しなければならない。ここに歴史を銘記し、更なる復興を志す。

Catalog

ОГЛАВЛЕНИЕ

目　次

目　录

岁月流转，时过境迁，它们依旧在那里，见证着这座城市的蓬勃发展……

Years are flowing, time passes, they are still there, witnessing the booming development of the city...

Они по - прежнему и являются свидетелями бурного развития этого города , по мере того как годы перемещаются ...

歳月は流れ、世情は移り変わるけど、変わらず彼らはそこにいて、この街の繁栄をずっと見守っていく ...

Unit One The architectures between 1898 to 1905

The Qing Empire and the Empire of Japan signed the Treaty of Shimonoseki on April 17, 1895. One of the terms is that Qing Empire ceded Liaotung peninsula to Japan. Afterwards Tsarist Russia forced Qing Empire to sign on the Convention for the Lease of the Liaotung Peninsula due to Russian contributions in the event of Triple Intervention on March 27,1898. Dalian turned to be the colony of Russia Empire. After the lease of Dalian, Russia Empire adopted the Far-East policy to build their military bases in Lvshunkou area as well as ports and city in Dalian. The strategic target was to build up Dalian to be an international business port and a Far-East metropolis which connected Europe and Asia. Therefore plenty of European buildings with pointed roofs appeared along the roads in Dalian.

Глава I   Архитетура 1898 г.-1905 г.

17 апреля 1895 года правительства Цин и Мэйдзи Японии подписали Симоносекский Договор , согласно которому Китай передавал Японии Ляодунский полуостров. В дальнейшем Россия , Германия и Франция с помощью дипломатических средств заставили Японию вернуть Ляодунский полуостров. Однако это послужило поводом к тому, что 27 марта 1898 года Царская Россия вынудила правительство династии Цин подписать "Русско-китайскую конвенцию", в результате чего Далянь снова стал российской колонией. После принудительной аренды Россия начала проводить политику Дальнего Востока. Царская Россия ускорило строительство военной базы в Люйшунькоу. В то же время она также начала интенсифицировать строительство порта и города Далянь. Стратегическая цель царской России заключалась в том, чтобы превратился город Далянь в международный торговый порт и дальневосточный мегаполис, связанный Европу и Азию. В результате этого в городе Далянь появился проспект в европейском стиле, на обеих сторонах которого стоят остроконечные здания.

第一部分　1898～1905年の建築

1895年4月17日、中国清政府と日本明治政府は《下関条約》を締結した。条約の内容に基づき、清政府は中国の遼東半島を日本に割譲した。調印直後、ロシアを中心とするいわゆる三国干渉があり、日本は遼東半島を中国に返還した。1898年3月27日、帝政ロシアは、遼東半島の返還に功績があったことを主張して、強制的に清政府に《旅大租地条約》（「パブロフ条約」）を調印させた。これにより大連は再び帝政ロシアの殖民地に落ちた。その後帝政ロシアは、極東政策を拍車をかけて推し進め、旅順に軍事基地を建設すると同時に、大連の港と都市の建設を強化した。その戦略目的は、大連を、ヨーロッパとアジアを連結する国際商港を備えた極東一大都市にすることであった。そこで、屋根がとがったヨーロッパ風の建築物が大連の道の両側に続々と並んでいった。

第一单元　1898—1905年的建筑

　　1895年4月17日，中国清朝政府和日本明治政府签订了《马关条约》，条款之一是中国割让辽东半岛。其后，"三国干涉还辽"，沙俄以"还辽有功"，于1898年3月27日，强迫清政府签订了《旅大租地条约》，大连又沦为沙俄的殖民地。强租大连后，沙俄推行远东政策，一方面加紧建设旅顺口军事基地，另一方面开始加紧大连港口和城市建设，其战略目标是将其建成联络欧亚的国际商港和远东大都市。于是，大连就出现了一条条两旁遍布尖屋顶的欧洲风情大道。

SKETCH COLLECTION: DALIAN MEMORY

Name : Darini City Hall

Size: 25×38 cm

Historical background:

Darini City Hall is located at No.1 on Yantai street, north to the Victory Bridge in the Xigang District of Dalian. It was built in 1900 and covers 4,889 square meters. As one of the representatives of initial architectures in Dalian, it features the Classical Renaissance style.

Название : Задание Бывшей Ратуши Города Дальний

Размер : 25×38см

История :

Ратуша города Дальний была расположена в доме №1 на улице Яньтай на севере Шэнлицяо в районе Сиган г. Далянь. Она была построена в 1900 году, ёе общая площадь застройки составляла 4889 квадратных метров. Она является примером классического архитектурного искусства эпохи Возрождения, а также одним из типичных зданий первозданного вида города Далянь.

作品名：ダーリニー市役所旧跡

サイズ：25×38センチ

歴史背景：

ダーリニー市役所旧跡は、現大連市西崗区勝利橋の北側、煙台街1番地にある。1900年竣工。建築面積4889平方メートル、ルネサンス建築の芸術特徴が表れている。大連市初期段階の代表的な建築の一つである。

作品名称： 达里尼市政厅旧址

尺　寸： 25×38厘米

历史背景：

　　达里尼市政厅，旧址位于今大连市西岗区胜利桥北烟台街1号。该建筑建于1900年，建筑面积为4889平方米，体现了古典复兴式建筑艺术的特点，是大连市初建时期的代表性建筑之一。

Name: Dalian Tousei Steamboat Company

Size: 25×38 cm

Historical background:

Dalian Tousei Steamboat Company is located at No.35 on Victory Street in the center of Dalian. It was built in 1902 and covers 1,086 square meters. As one of the European architectural representatives in Dalian, it is a semi - wooden building which was popular in West Europe, features the architectural style of Germanic dwellings and was designed by German. During the rule of Russian Empire, it was Tousei Steamboat Company. During the rule of Japan Empire, it was the Dalian Civil Affair Department and Manchurian Railway Japanese Bridge Library and so on. In 1997, it became the Dalian Art Gallery.

Название : Задание Бывшей Даляньской Дунцинской Пароходной Компании

Размер : 25×38см

История :

Далянская Дунцинская пароходная компания была расположена в доме №35 на улице Шэнли в центре города Далянь. Это здание было построено в 1902 году , её общая площадь застройки составляла 1086 квадратных метров. Это Западно-европейское фахверковое здание, спроектированное немецкими архитекторами. Оно является шедевром современной европейской архитектуры в городе Далянь и относится к германской народной архитектуре. Во время правления царской России оно было известно как Дунцинская пароходная компания; во время японского правления здесь находилась гражданская администрация и маньчжурская библиотека Нихонбаши; в 1997 году здание стало Даляньским художественным выставочным залом.

作品名：大連東清汽船会社旧跡

サイズ：25×38センチ

歴史背景：

大連東清汽船会社旧跡は、現大連市の中心付近、勝利街35番地にある。1902年竣工。建築面積1086平方メートル、西ヨーロッパ半ログハウス骨組み式、ゲルマン市民住宅建築風格。ドイツ人が設計し、大連地域の近代ヨーロッパ式建築の代表作である。帝政ロシア殖民時期は東清汽船会社。日本殖民時期は大連民政署、満鉄日本橋図書館。1997年に大連芸術展覧館と改名された。

作品名称：大连东清汽船会社旧址　　　　　　　　**尺　寸：**25×38厘米

历史背景：

　　大连东清汽船会社，旧址位于今大连市区中心胜利街35号。该建筑始建于1902年，建筑面积为1086平方米，为西欧半木屋架式建筑，属于日耳曼民居建筑风格，由德国人设计，是大连地区近代欧式建筑的代表作。沙俄统治时期，作为东清汽船会社使用；日本统治时期，作为大连民政署、满铁日本桥图书馆等使用；1997年，改为大连艺术展览馆。

Size: 25×38 cm

Name : Lvshun Railway Station

Historical background:

　　Lvshun Railway Station is located at No.9 on the Jinggang Road in Lvshunkou District. Russian Empire built the first railway station in Dalian history which was on the opposite side of Lvshun Railway Station (No.193 on Jinggang Road). Lvshun Railway Station was a third -class station and the southern end of South Manchurian Railway branch of Mid-East Railway. Lvshun Railway Station was formally suspended on April 20, 2014. Now it still keeps the function of tickets sale.

Размер : 25×38см

Название : Люйшуньский Вокзал

История :

　　Люйшуньский вокзал располагался в доме №9 на улице Цзинга в районе Люйшунькоу г. Далянь. В октябре 1900 года, русские построили первый железнодорожный вокзал, который был расположен напротив главного входа нынешнего Люйшуньского вокзала (т.е. на улице Цзинган №193). Это самый южный железнодорожный терминал Южно-Маньчжурской железной дороги на Ближнем Востоке. 20 апреля 2014 года Люйшуньский вокзал был официально закрыт, однако продажа билетов до сих пор осущетсвляется.

作品名：旅順駅　　　　　　　　　　　　　　　　　　　　　　　　　　　　　　　サイズ：25×38センチ

歴史背景：

　　旅順駅は、今大連市旅順口区井崗街9番地にある。1900年10月、帝政ロシアが今旅順駅玄関の大通の斜め向かい（井崗街193番地）で旅順歴史上初めての駅を建てた。旅順駅は三等級レベルの駅で、中東鉄道南満州鉄道ローカル線南端の終点であった。2014年4月20日、正式に路線廃止になり、現在は切符売り場だけ営業して、保存されている。

作品名称： 旅顺火车站

尺　寸： 25×38厘米

历史背景：

　　旅顺火车站，位于今大连市旅顺口区井岗路9号。1900年10月，沙俄在今旅顺火车站正门马路对面（井岗街193号）修建了旅顺历史上的第一座火车站。旅顺火车站为三等站，是中东铁路南满铁路支线南端的终点站。2014年4月20日，旅顺火车站正式停运，现仅保留售票业务。

Name: Lvshun Red Cross Hospital   Size : 25×38cm

Historical background:

    Lvshun Red Cross Hospital is located at No.107 on the Huanghe Road in the Lvshunkou District. Constructed from 1900 to 1904 by Russian colonial authorities, it covers 15,587 square meters and presents the Russian architectural styles. Initially it was a general hospital funded by the government, namely the Red Cross Hospital, belonging to Russian Lvshun city government. Japan Red Cross Manchunrian Committee took over it in March, 1905 and changed it into Lvshun Red Cross Hospital. It began to be affiliated to PLAN from 1955.

Название : Здание Бывшей Люйшуньской Больницы Красного Креста   Размер : 25×38см

История :

    Люйшуньская больница Красного Креста была расположена в доме №107 на ул. Хуанхэ в районе Люйшунькоу г. Далянь. Здание было построено российскими колониальными властями в 1900 году и было завершено в 1904 году. Площадь заскройки этого здания построенного в русском стиле, составляла 15587 квадратных метров. В начале, эта государственная комплексная больница, т.е. госпиталь "Красного Креста", принадлежала царской России. В марте 1905 года здание был передан Маньчжурскому комитету Японского Красного Креста и получил название 《Люйшуньская больница Красного Креста》. С 1955 г. оно принадлежал ВМС НОАК.

作品名：旅順赤十字病院旧跡   サイズ：25×38センチ

歴史背景：

    旅順赤十字病院旧跡は、現大連市旅順口区黄河路107番地にある。1900年に帝政ロシア殖民当局により建てられ、1904年竣工。建築面積15587平方メートル、ロシア風格建築。当初は帝政ロシア政府管理のもとの総合病院、すなわち「赤十字医院」であった。1905年3月から日本赤十字社満州委員部が接収し管理した。当時、「旅順赤十字病院」と呼ばれた。1955年、中国人民解放軍海軍に帰属した。

作品名称： 旅顺赤十字病院旧址　　　　　　　　　　**尺　寸：** 25×38厘米

历史背景：

　　旅顺赤十字病院，旧址位于今大连市旅顺口区黄河路107号。该建筑由沙俄殖民当局始建于1900年，1904年建成，建筑面积为15587平方米，属于俄罗斯风格建筑。其初为官办综合性医院，即"红十字医院"，隶属俄旅顺市政府。1905年3月，它被日本赤十字社满洲委员部接管，时称"旅顺赤十字病院"。1955年归属解放军海军。

Name:Lvshun Middle School
Historical background:

Size : 25×38cm

Lvshun Middle School is located at the southwest to the intersection between Sidalin Road and Jiefang Road in the Taiyanggou Area of Lvshunkou District. It was built in 1900 by German and has two floors with European classic architectural style ,covering 5,082 square meters. German businessmen opened a department store there in 1901. From 1909, Kanto Military and Administration Department Middle School was moved to here and changed its name to be Lvshun Middle School. Now it is the office building of a troop.

Название : Задание Бывшей Люйшуньской Средней Школы
История :

Размер : 25×38см

Люйшуньская средняя школа была расположена на юго-западе от пересечения улицы Сталин и улицы Цзефан в живописном Тайянгоу в районе Люйшунькоу г. Далянь. Эта двухэтажная школа в современном европейском классическом стиле была спроектирована и построена немецким архитектором в 1900 году. Общая площадь застройки составляла 5082 квадратных метра. В 1901 году немецкие бизнесмены открыли здесь универмаг. После 1909 года средняя школа Гуаньдун Дудуфу переехала сюда и была переименована в «Люйшуньская средняя школа». С 1955 г. школой управляла НОАК. В настоящее время это административный корпус гарнизона.

作品名：旅順中学校旧跡
歴史背景：

サイズ：25×38センチ

旅順中学校旧跡は、現大連市旅順口区太陽溝、スターリン路と解放街が交差した南西にある。1900年竣工。ドイツ人が設計・建造した2階建て。近代ヨーロッパ式バロック建築であり、建築面積5082平方メートル。1901年、ドイツの商人はここで百貨店を開いた。1909年以降、日本は関東都督府中学校をここに移し、「旅順中学校」と改名した。1955年、中国解放軍に接収・管理された。今は、軍隊の事務ビルである。

作品名称：旅顺中学校旧址   **尺　寸**：25×38厘米

历史背景：

    旅顺中学校，旧址位于今大连市旅顺口区太阳沟斯大林路与解放街交汇处西南。该建筑建于1900年，由德国人设计建造，二层建筑，近代欧式古典建筑，建筑面积为5082平方米。1901年，德国商人在此开办了百货商场。1909年以后，关东都督府中学迁至此处，更名为"旅顺中学校"。1955年由解放军接管。现为驻军某部办公楼。

Name: Kondratenko Mansion
Size: 25×38cm

Historical background:

　　Kondratenko Mansion is located at No.47 on Ningbo Road in Taiyanggou Area of Lvshunkou District. Built in 1903, it is a two-floor Russian-style villa with the floor area of 604 square meters and covered area of 240 square meters. It was Kondratenko's mansion who was the commander in Lvshun Imperial Russian Army and the lieutenant general of 7th Division. It was taken over by PLA in 1955.

Название : Задание Бывшей Резиденции Контраченка
Размер : 25×38см

История :

　　Резиденция Контраченка была расположена в доме №47 на улице Нинбо в живописном Тайянгоу в районе Люйшунькоу г. Далянь. Эта двухэтажная дача была построена в 1903 году и общая площадь составляла 604 квадратных метра, а общая площадь застрйоки составляла 240 квадратных метров. Это было официальной резиденцией Контраченка, царского российского генерал-лейтената и начальника 7-й дивизии. С 1955 г. это здание было управлено Народно-освободительной армией.

作品名：コンドラチェンコ官邸旧跡
サイズ：25×38センチ

歴史背景：

　　旅順コンドラチェンコ官邸旧跡は、現大連市旅順口区太陽溝寧波路47番地にある。1903年竣工。敷地面積240平方メートル、建築面積604平方メートル。ロシア式2階建ての別荘である。元帝政ロシア軍隊旅順陸軍防衛司令官第7師団長、コンドラチェンコ少将の官邸であった。1955年、中国人民解放軍に接収・管理された。

作品名称： 康特拉琴科官邸旧址 　　　　　　　　　**尺　寸：** 25×38厘米

历史背景：

　　旅顺康特拉琴科官邸，旧址位于今大连市旅顺口区太阳沟宁波路47号。该建筑建于1903年，二层俄式别墅，建筑面积为604平方米，占地面积约240平方米。系原沙俄旅顺陆防司令、第7师师长康特拉琴科少将的官邸。1955年由中国人民解放军接管使用。

Name: Lvshun Engineering and Science University president house   Size: 25×38 cm
Historical background:

   Lvshun Engineering and Science University president house is located at No.11 on Wusi Street in Taiyanggou Area of Lvshunkou District. It was constructed during the rule of Tsarist Russia and features European architectural style. During Japanese occupation, it became the house of the president of Lvshun Engineering and Science University. It was taken over by PLA in 1955.

Название: Дом-Музей Директора Люйшуньского Технологического Университета   Размер:25×38см
История :

   Дом-музей директора Люйшуньского Технологического университета был расположен в доме №11 на улице Усы в живописном Тайянгоу в районе Люйшунькоу г. Далянь. Дом-музей в европейским архитектурном стиле был построен во время оккупации Люйшунь царской Россией. Во время правления Японии он стал резиденцией директора Люйшуньского Технологического университета, т.е. первого технологического университета в области Люйда. С 1955 г. это здание было управлено Народно-освободительной армией.

作品名：旅順工科大学学長旧居   サイズ：25×38センチ
歴史背景：

   旅順工科大学学長旧居は、現大連市旅順口区太陽溝五四街11番地にある。当建築は帝政ロシアが旅順を占領した時に竣工。ヨーロッパ式な建築風格。日本統治時期は旅大地域初めての工科大学である旅順工科大学の学長の住宅であった。1955年、中国人民解放軍に接収・管理された。

作品名称：旅顺工科大学校长旧居　　　　　　　　　　　**尺　寸：**25×38厘米

历 史 背 景：

　　旅顺工科大学校长旧居，位于今大连市旅顺口区太阳沟五四街11号。该建筑于沙俄占领旅顺时期建成，欧式建筑风格。日本统治时期为旅大地区第一所工科大学旅顺工科大学校长住宅。1955年由中国人民解放军接管使用。

Name: Otani Kozui House   Size: 25×38cm

Historical background:

　　Otani Kozui House is located at No.87 on Kaoshan Street in Lvshunkou District. The plane of the house is rectangle. Siting northwest and facing southeast, it is a two-floor brick and wooden European-style architecture with the height of 9 meters whose covered area and floor area are 195 square meters and 450 square meters respectively. It originated in Tsarist Russia ruling period. Otani Kozu moved into the house in 1915.

Название: Дом-Музей Отани Кодзуи   Размер: 25×38см

История:

　　Дом-музей Отани Кодзуи был расположен в доме №87 на пересечении ул. Гуанжун и ул. Каошань в живописном Тайянгоу в районе Люйшунькоу г. Далянь. Здание имеет прямоугольную форму. Оно расположено на северо-западе и выходит на юго-восток. Это двухэтажное здание в европейском стиле сделано из кирпича и дерева. Высота здания составляет около 9 метров и занимает площадь 195 квадратных метров. Обшая площадь - 450 квадратных метров. Он был построен во время царствования царской России. В 1915 году сюда переехал японец Отани Кодзуи.

作品名：大谷光瑞旧居   サイズ：25×38センチ

歴史背景：

　　大谷光瑞旧居は、現大連市旅順口区光栄街道靠山街87番地にある。平面は長方形で、南東向き、ヨーロッパ風格の二重レンガ木造建築である。高さ約9メートル、敷地面積約195平方メートル、建築面積450平方メートル。帝政ロシアに統制されたとき建設し始め、1915年、大谷光瑞は旅順のここに移住した。

作品名称： 大谷光瑞故居　　　　　　　　　　　　**尺　寸：** 25×38厘米

历史背景：

　　大谷光瑞故居，位于今大连市旅顺口区光荣街道靠山街87号。平面呈长方形，坐西北朝东南，为二层砖、木结构欧式风格建筑，高约9米，占地面积约195平方米，建筑面积450平方米。始建于沙俄统治时期，1915年，日本大谷光瑞移居旅顺入住此楼。

Name: North Fortress of East Ji Guan Mountain

Size: 25×38 cm

Historical background:

North Fortress of East Ji Guan Mountain is located at Lvshunkou District of Dalian. In 1898, out of military aggression, Tsarist Russia built the fortifications on the defense line within a radius 10 kilometers around the Lvshunkou District. The East Ji Guan Mountain was one of the key projects of East line. North Fortress of East Ji Guan Mountain was one of the important battlefields for the occupation of Lvshun Fortress in the 1904 Russo-Japanese War. On June 7, 1980, the North Fortress of East Ji Guan Mountain is officially opened as a tourist attraction for domestic visitors. In September 1994, it became a patriotism education base in Dalian.

Название： Бывшая Северная Крепость на Горе Донцзигуаньшань

Размер： 25×38см

История：

Бывшая Северная Крепость на Горе Донцзигуаньшань была расположена в районе Люйшунькоу г. Далянь. В 1898 году царская Россия для военной агрессии строила фортификационные сооружения в оборонительной линии в 10 километрах от устья района Люйшунькоу. Гора Донцзигуаньшань была одной из ключевых военных точек на Восточной линии. В Северной Крепости на Горе Донцзигуаньшань происходило одно из самых важнейших боевых действий за овладение Люйшуньской крепостью в Русско-японской войне 1904 года. С 7 июня 1980 года Северная Крепость на Горе Донцзигуаньшань была открыта для туристов в качестве достопримечательности. В сентябре 1994 года она стала местом обучения патриотизма в Даляне.

作品名：東鶏冠山北堡塁旧跡

サイズ：25×38センチ

歴史背景：

東鶏冠山北堡塁遺跡は、現大連市旅順口区にある。1898年，軍事侵略のため、帝政ロシア政府は旅順口区を中心にして10キロメートルの範囲で、防衛線を構築した。東鶏冠山は、東防衛線構築の重要な一つである。東鶏冠山北堡塁は、1904年日露戦争における旅順要塞争奪戦の重要な戦場の一つであった。1980年6月7日、大連市政府は正式に東鶏冠山北堡塁を観光地として国内に向き開放するとともに、1994年9月、大連市愛国教育基地に指定した。

作品名称： 东鸡冠山北堡垒遗址　　　　　　　　**尺　寸：** 25×38厘米

历史背景：

　　东鸡冠山北堡垒遗址，位于今大连市旅顺口区。1898年，沙俄出于军事侵略的需要，在旅顺城口区周围10千米的防线上大修防御工事，东鸡冠山是东线重点工程之一。东鸡冠山北堡垒是1904年日俄战争中旅顺要塞争夺战的重要战场之一。1980年6月7日，大连市正式将东鸡冠山北堡垒建为景点向国内游人开放。1994年9月，成为大连市爱国主义教育基地。

Unit Two The architectures between 1905 to 1945

The Russo-Japanese War ended with the failure of Russian Empire. Japan, as the new colonial ruler, took over Dalian from Russian Empire. Under the policy of Departure from Asia for Europe, Japan brought fading or rising European architectural trends to Dalian. They continued the constructions left unfinished by Russia and at the same time expanded the size of city. Therefore Dalian became more European.

Глава Ⅱ　Архитетура 1905 г.-1945 г.

В 1905 году Русско-японская война закончилась поражением царской России. Город Далянь был взят японцами как колонизатор из русских и находился под властью Японии. Япония, которая давно придерживалась линии "из Азии в Европу", привела в Далянь тенденции европейской и американской архитектуры, которые были в моде или находилися в рецессии. Они продолжали российское городское планирование, расширяя масштабы города. В результате этого европейский стиль в городе Далянь стал более интенсивным.

第二部分　　1905～1945年の建築

　　1905年日露戦争はロシアの失敗をもって終わりを告げた。日本は殖民者の身分で帝政ロシアから大連を接収・管理した。明治以来、アジア離脱、ヨーロッパ加入路線を遂行してきた日本は、ロシア人の都市建設を引き継ぎながら、流行中或いは衰退しつつある欧米建築思潮を大連に持ち込み、建設の規模を拡大していった。そのため、大連の都市建設物はなお一層ヨーロッパ風になっていくのである。

第二单元　1905—1945年的建筑

　　1905年，日俄战争以沙俄的失败而告终，日本以殖民者的身份从俄国人手里接管了大连。早已奉行"脱亚入欧"路线的日本，把正在流行或正在衰退的欧美建筑思潮也带到了大连，他们一边继续着俄国人的城市建设规划，一边扩大着城市的规模。于是，这座城市的欧洲风情更加浓郁。

Name: South Manchurian Railway Corporation   Size: 25×38 cm
Historical background:

  South Manchurian Railway Corporation, also called Manchurian Railway for short, is located at No 9. on Luxun Road in Zhongshan District. Built in 1909 and covering an area of 18,300 square meters, it is an architecture featuring western classic style. Now it is Dalian Depot of Shenyang Railway Bureau.

Название : Здание Бывшей Южно-Маньчжурской Железнодорожной Компании   Размер : 25×38см
История :

  Южно-Маньчжурская железнодорожная компания была расположена в доме № 9 на улице Лусюнь в районе Чжуншань г. Далянь. Это здание в классическом западном стиле было построено в 1909 году с площадью застройки 18300 квадратных метров. В настоящее время это Даляньский железнодорожный разъезд Шэньянского железнодорожного управления .

作品名：南満州鉄道株式会社旧跡   サイズ：25×38センチ
歴史背景：

  南満州鉄道株式会社の略称は「満鉄」である。旧跡は、現大連市中山区魯迅路9番地にある。1909年竣工、建築面積18300平方メートル、西洋バロック式の建物である。現在は瀋陽鉄道局大連車務段である。

作品名称：南满洲铁道株式会社旧址　　　　　　　　　　　　**尺　寸**：25×38厘米

历史背景：

　　南满洲铁道株式会社，简称"满铁"，旧址位于今大连市中山区鲁迅路9号。该建筑于1909年建成，建筑面积为18300平方米，是一座具有西洋古典建筑风格的建筑。现为沈阳铁路局大连车务段。

Name : Manchurian Railway Dalian Hospital   Size: 25×38 cm

Historical background:

   Manchurian Railway Dalian Hospital is located at No. 6 on Jiefang Street in Zhongshan District. After leasing Dalian, Russia set up the Eastern Provincial Dalian Hospital in 1899. Manchurian Railway formally took over the hospital on April 1 in 1907 and reconstructed it to be the South Manchurian Railway Corporation Dalian Hospital. It was renamed as Manchurian Railway Dalian Hospital on March 4, 1909. Now it is Affiliated Zhongshan Hospital Dalian University.

Название : Здание Бывшего Даляньского Госпиталя Южно-Маньчжурской Железнодорожной Компани

Размер : 25×38см

История :

   Даляньский госпиталь Южно-Маньчжурской железнодорожной компании был расположен в доме №6 на улице Цзефан в районе Чжуншань г. Далянь. В 1899 году после принудительной аренды Даляня Россия открыла 《Даляньский госпиталь КВЖД》. 1 апреля 1907 года Южно-Маньчжурская железнодорожная компания официально взяла на вооружение госпиталя и произвела перепостроение. Началось официальное открытие 《Даляньского госпиталя Южно-Маньчжурской железно дорожной компании》. 4 марта 1909 года 《Даляньский госпиталь южно-Маньчжурской железнодорожной компании》 был переименован в 《Даляньскую больницу Южно-Маньчжурской железнодорожной компании》. Это теперь больница при Даляньском институте медицины.

作品名：満鉄大連医院旧跡   サイズ：25×38センチ

歴史背景：

   満鉄大連医院旧跡は、現大連市中山区解放街6番地にある。帝政ロシアは強制的に大連を租借して、1899年に「東省鉄道大連病院」を創設した。1907年4月1日、日本満鉄は正式に東省鉄道大連病院を引き継ぎ、改装を行い、「南満州鉄道株式会社大連病院」の名称でスタートした。1909年3月4日「南満州鉄道株式会社大連病院」から「南満州鉄道株式会社大連医院」に改称した。略称「満鉄大連医院」である。現在は大連大学付属中山医院である。

满铁大连医院旧址
韩士海 2018年6月2日

作品名称：满铁大连医院旧址   尺　寸：25×38厘米

历史背景：

　　满铁大连医院，旧址位于今大连市中山区解放街6号。沙俄强租大连后，于1899年创建"东省铁路大连病院"。1907年4月1日，满铁正式接手了东省铁路大连病院，并进行了改修，以"南满洲铁道株式会社大连病院"的名称正式开院。1909年3月4日，"南满洲铁道株式会社大连病院"改称为"南满洲铁道株式会社大连医院"，简称"满铁大连医院"。现为大连大学附属中山医院。

Name：Kanto Military Prefecture   Size: 25×38 cm

Historical background:

   Kanto Military Prefecture is located at No.59 on Youyi Road in Taiyanggou Area of Lvshunkou District. It was built in 1900 by Russia as City Hotel, a two-floor building covering an area of 6,057 square meters. Japan moved the Japan General Kanto Military Prefecture which was originally set in Liaoyang City to this building and renamed it as Kanto Military Prefecture on September 1, 1906. The Chinese People's Liberation Army took over it in 1955 and later changed it into the PLA 's Club.

Название：Здание Бывшего Квантунского Губернаторства   Размер：25×38см

История：

   Квантунское губернаторство было расположено в доме №59 на улице Юи в живописном Тайянгоу в районе Люйшунькоу г. Далянь. Квантунское губернаторство было построено в 1900 году, когда это была построенная Россией «городская гостиница» с двумя этажами и площадью 6057 квадратных метров. 1 сентября 1906 года Япония перенесла сюда Квантунское генерал-губернаторство Японии, первоначально расположенное в г. Ляоян, и переименовала его в «Квантунское губернаторство». В 1955 году Народно-освободительная армия Китая взяла на себя руководство. Затем это здание стало Военным клубом Народно-освободительной армии.

作品名：関東都督府旧跡   サイズ：25×38センチ

歴史背景：

   関東都督府旧跡は、現大連市旅順口区太陽溝友誼路59番地にある。1900年竣工、二階建て、建築面積6059平方メートル。帝政ロシアが建造した「市営旅館」であった。1906年9月1日、日本は遼陽に設置されていた日本関東総督府をここに移し、「関東都督府」と改名した。1955年中国人民解放軍に接収・管理された後、解放軍軍人クラブとして使われた。

作品名称： 关东都督府旧址　　　　　　　　　　　　　　**尺　　寸：** 25×38厘米

历史背景：

　　关东都督府，旧址位于今大连市旅顺口区太阳沟友谊路59号。该建筑建于1900年，时为沙俄建造的"市营旅馆"，二层楼房，建筑面积为6057平方米。1906年9月1日，日本将原设在辽阳的日本关东总督府迁到此地，并改名为"关东都督府"。1955年被中国人民解放军接管，后为解放军军人俱乐部。

Name: Kanto Manchu and Mongolia Museum   Size: 25×38 cm
Historical background:

　　Kanto Manchu and Mongolia Museum is located at the southwest to the intersection between Liening Road and Jiefang Road in Taiyanggou Area of Lvshunkou Disctrict. It was built in 1915 with western classic style and covers an area of 1,987 square meters. The Chinese People's Liberation Army took over it in 1955 and transferred it to 210 Hospital and 215 Hospital in succession.

Название : Здание Бывшего Казённого Учреждения Квантунской Области   Размер : 25×38см
История :

　　Казённое учреждение Квантунской области было расположено на юго-западе от пересечения ул. Ленин и ул. Цзефан в живописном Тайянгоу в районе Люйшунькоу г. Далянь. Это здание в западном классическом стиле было построено в 1915 году с площадью застройки 1987 квадратных метров. В 1955 году Народно-освободительная армия Китая взяла на себя руководство. Затем здание управлялось и использовалось 210 госпиталем и 215 госпиталем.

作品名：旅順満蒙物産陳列館旧跡   サイズ：25×38センチ
歴史背景：

　　旅順満蒙物産陳列館旧跡は、現大連市旅順口区太陽溝、レーニン路と解放路が交差した南西にある。1915年竣工、建築面積1987平方メートル、西洋バロック建築風格である。1955年、人民解放軍が接収した後、相次いで210医院、215医院に属して使用された。

作品名称：旅顺满蒙物产陈列馆旧址 　　　　　　　　　　**尺　寸**：25×38厘米

历史背景：

　　旅顺满蒙物产陈列馆，旧址位于今大连市旅顺口区太阳沟列宁街与解放路交汇处西南。该建筑建于1915年，西洋古典建筑风格，建筑面积为1987平方米。1955年，人民解放军接防后，该楼先后归210医院、215医院管理使用。

Name:House of Chuanfang Sun   Size: 25×38 cm

Historical background:

　　House of Chuanfang Sun is located at No.10 on Nanshan Street in Zhongshan District. Built in 1920s and covering an area of 1,280 square meters, it is an European-syle garden villa. From 1929 to 1931, Warlord Chuanfang Sun lived there. Now it is the office building of China Communist Youth League Dalian Committee and Dalian Youth Association.

Название : Здание Бывшей Резиденции Сунь Чуаньфана   Размер : 25×38см

История :

　　Здание бывшей резиденции Сунь Чуаньфана было расположено в доме №10 на улице Наньшань в районе Чжуншань г. Далянь. Здание было построено в 1920-х годах с площадью 1280 квадратных метров и являлось садовой виллой в европейском стиле. С 1929 по 1931 год здесь жил военачальник Сунь Чуаньфан. Теперь это офисное здание Даляньского комитета комсомола и Даляньской ассоциации молодёжи.

作品名：孫伝芳旧居   サイズ：25×38センチ

歴史背景：

　　孫伝芳旧居は、現大連市中山区南山街10番地にある。20世紀20年代に建てられ、建築面積1280平方メートル、ヨーロッパガーデン式別荘である。1929～1931年、軍閥ボス孫伝芳が住んでいた。今は共産主義青年団大連市委員会、大連市青年聯合会の事務ビルである。

孙传芳故居
韩士海 2017年9月21日

作品名称： 孙传芳故居   尺　寸：25×38厘米

历史背景：

　　孙传芳故居，位于今大连市中山区南山街10号。该建筑建于20世纪20年代，建筑面积为1280平方米，属于欧式花园别墅。1929—1931年，军阀头目孙传芳曾居于此处。现为大连团市委、大连市青联的办公楼。

Name: Golden Hill Annex of Lvshun Yamato Ryokan   Size;25×38 cm

Historical background:

   Golden Hill Annex of Lvshun Yamato Ryokan is located at No.113 of Golden Hill Coast on Huangjin Street in Lvshunkou District. It was built in 1929 and covers an area of 207 square meters. Its style combines both Qing and Japanese architectural style. It was Golden Hill Annex of Lvshun Yamato Ryokan during the Japanese colonial ruling period. Henry Puyi (the last emperor of Qing Dynasty) lived there in 1931 so that it was also called Henry Puyi House.

Название : Здание Бывшего Люйшуньского Хуанцзиньшаньского Филиала Отелья 《Ямато》   Размер : 25×38см

История :

   Люйшуньский Хуанцзиньшаньский филиал отелья 《Ямато》 был расположен в доме №133 побережье Хуанцзиньшань на улице Хуанцзинь в районе Люйшунькоу г. Далянь. Это здание, совмещающее в себе архитектурные стили цинской династии и японии, было построено в 1929 году с площадью 207 квадратных метров. Во время оккупации Японии здесь был Люйшуньский Хуанцзиньшаньский филиал отелья 《Ямато》. В 1931 году Пу И жил здесь временно, поэтому его также называли Башней Пу И.

作品名：旅順大和旅館黄金山分館旧跡   サイズ：25×38センチ

歴史背景：

   旅順大和旅館黄金山分館旧跡は、現大連市旅順口区黄金街113番地、黄金山海岸にある。1929年竣工、建築面積207平方メートル、清時代式と日本式を兼備する建築。日本占領時期の旅順大和旅館黄金山分館であった。1931年、溥儀が一時泊まったことがあったので、溥儀楼とも呼ばれる。

作品名称：旅顺大和旅馆黄金山分馆旧址　　　　　　　　　尺　寸：25×38厘米

历史背景：

　　旅顺大和旅馆黄金山分馆，旧址位于今大连市旅顺口区黄金街113号黄金山海岸。该建筑建于1929年，建筑面积为207平方米，兼具清代和日本建筑风格。日本侵占时期为旅顺大和旅馆黄金山分馆。1931年，溥仪曾在此暂住，所以也称为溥仪楼。

Name: Dalian Kanto Local Court

Size: 25×38 cm

Historical background:

Dalian Kanto Local Court is located at No.2 in People Square of Zhongshan District. It was built in 1930, covering an area of 5,896.88 square meters with a modern architectural style. From 1945, it had been the Lv-Da People's Court. Now it is the administration office building of Intermediate People's Court.

Название : Здание Бывшего Местного Суда Квантунской Области Даляня

Размер : 25×38см

История :

Местный суд Квантунской области Даляня был расположен в доме №2 на площади Народа в районе Чжуншань г. Далянь. Суд в современном архитектурном стиле был построен в 1930 году с площадью 5898,68 квадратных метров. После 1945 года это был Люйдаский Народный суд , а теперь это офисное здание Даляньского народного суда средней ступени.

作品名：大連関東庁地方裁判所旧跡

サイズ：25×38センチ

歴史背景：

大連関東庁地方裁判所旧跡は、現大連市中山区人民広場2番地にある。1930年竣工、建築面積5896.88平方メートル、現代風格の建築である。1945年以降、旅大人民法院であった。現在は大連市中級人民法院の事務ビルである。

作品名称： 大连关东厅地方法院旧址   　　　　　　**尺　寸：** 25×38厘米

历史背景：

　　大连关东厅地方法院，旧址位于今大连市中山区人民广场2号。该建筑建于1930年，建筑面积为5896.88平方米，现代建筑风格。1945年以后，这里是旅大人民法院。现为大连市中级人民法院办公楼。

Name : Intelligent Agency of Dalian Kanto Police Office   Size: 25×38 cm

Historical background:

　　Intelligent Agency of Dalian Kanto Police Office is located at No.3 in People Square of Zhongshan District. It was built in 1936 and covers an area of 5,806 square meters, featuring a modern architectural style. From November in 1945 to July in 1946, CPC Dalian municipal committee used it as the office building. From November 7 in 1945, Dalian Police Department has been working here.

Название : Здание Бывшего Токубэцу Кото Кэйсацу Отдела Полиции Квантунской Области Даляня   Размер : 25×38см

История :

　　Здание Токубэцу Кото Кэйсацу?отдела полиции Квантунской области Даляня было расположенов доме №3 на Народной площадив районе Чжуншань г. Далянь. Это в современном архитектурном стиле зданиебыло построено в 1936 году с площадью 5806 квадратных метров. С ноября 1945 года по июль 1946 года в этом здании работал городской комитет КПК Даляня. С 7 ноября 1945 года до сих пор здесь работает Бюро общественной безопасности города Даляня.

作品名：大連関東州庁警察部特高課旧跡   サイズ：25×38センチ

歴史背景：

　　大連関東州庁警察部特高課旧跡は、現大連市中山区人民広場３番地にある。1936年竣工、建築面積5806平方メードル、現代風格の建物である。1945年11月から1946年７月まで、中国共産党大連市委員会の事務ビルであった。1945年11月７日から今日まで、ずっと大連市公安局は当ビルで執務している。

大连关东州厅警察部特别高等警察课旧址
郭士海 2018年5月27日

作品名称：大连关东州厅警察部特高课旧址 　　　　　　　　**尺　寸：**25×38厘米

历史背景：

　　大连关东州厅警察部特高课，旧址位于今大连市中山区人民广场3号。该建筑建于1936年，建筑面积为5806平方米，现代建筑风格。1945年11月至1946年7月，中共大连市委曾在该楼办公。1945年11月7日至今，大连市公安局一直在该楼办公。

Name: Dalian Railway Station   Size: 25×38 cm

Historical background:

   Dalian Railway Station is located at No.259 on Changjiang Road in Zhongshan District. In 1936, Japan began to erect a new train station on the north of Victory Square, which was completed in June 1937. During the reign of Japan, it was called the Dalian Post, which was the largest railway station in Asia at that time, occupying a total area of 141.18 million square meters. It had four floors above ground and one underground. It was designed to carry 2,000 passengers a day. In 2002, the Ministry of Railways, the Dalian Municipal Government, and the Shenyang Railway Bureau jointly invested 140 million RMB to the renovation and enlargement of Dalian Railway Station, which was formally reopened on August 1, 2003.

Название : Даляньский Вокзал   Размер : 25×38см

История :

   Даляньский вокзал расположен в доме №259 на улице Чанцзянлу в районе Чжуншань г. Далянь. В 1936 году японцы начали строительство нового железнодорожного вокзала на северной стороне площади Победы и завершили его в июне 1937 года. Во время японского правленияего называли 《Даляньской станцией》. С площадью здания 14118 квадратных метров, каркасной структурой, четырьмя этажами над землей и подвальным этажом, вокзал ежедневно по плану отправляли 2000 пассажиров. Это был самый большой железнодорожный вокзал в Азии в то время. В 2002 году Государственный министерство железных дорог, Даляньский муниципалитет и Шэньянское железнодорожное бюро совместно инвестировали 140 млн. Юаней в реконструирование и расширение вокзала. Он был официально открыт 1 августа 2003 года.

作品名：大連駅   サイズ：25×38センチ

歴史背景：

   大連駅は、現中山区長江路259番地にある。1936年、日本人が今の勝利広場北側に新しい駅を建て始め、1937年6月竣工。日本占領時期は「大連驿」と呼ばれた。建築面積14118平方メートル、地上四階、地下一階、骨組み構造で、一日あたり発送乗客数2000人の設計で、当時アジアで一番大きい駅であった。2002年に、国家鉄道部と大連市政府及び瀋陽鉄道局が１．4億元を出資し、共同で大連駅の改造と増築を行った。2003年8月1日に使用を始めた。

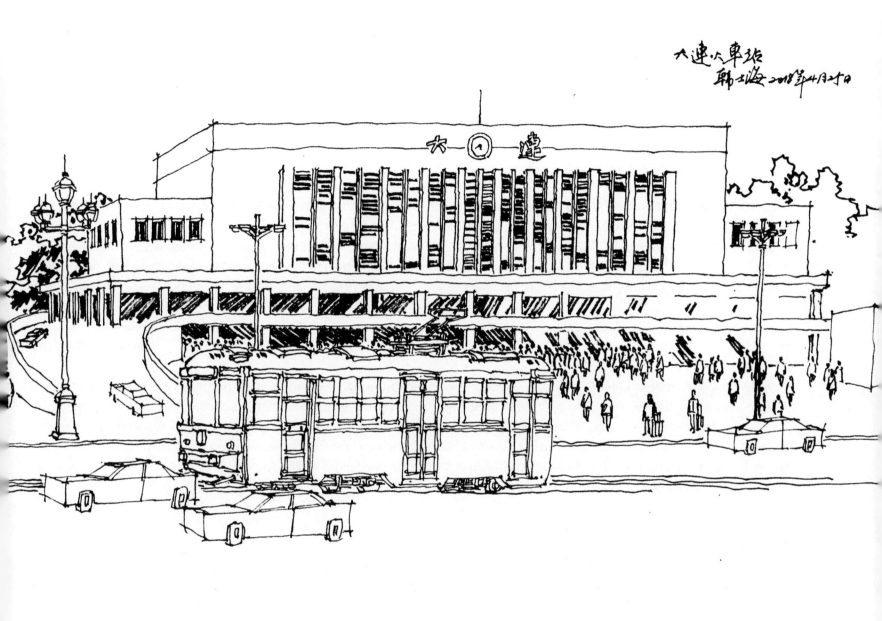

作品名称： 大连火车站 　　　　　　　　　　　　　　　　**尺　寸：** 25×38厘米

历史背景：

　　大连火车站，位于今中山区长江路259号。1936年，日本人开始在今胜利广场北侧修建新的火车站，并于1937年6月竣工。日本统治时期，它被称为"大连驿"。建筑面积为14118万平方米，框架结构，地上四层，地下一层，设计旅客日发送量为2000人，是当时亚洲最大的火车站。2002年，国家铁道部、大连市政府和沈阳铁路局共同出资1.4亿元人民币，对大连火车站进行改造和扩建，并于2003年8月1日正式启用。

Name: Central Laboratory of Manchuria   Size: 25×38 cm

Historical background:

    Central Laboratory of Manchuria is located at No.457 on Zhongshan Road. It was built in 1907, occupying an area of 6,660 square meters. The building combines the Japanese style and the French style. In March 1949, it was renamed as the Institute of Scientific Research of Dalian University. In 1962, it was officially named as Dalian Institute of Chemical Physics of Chinese Academy of Sciences. In 1995, it was relocated from the old scientific research area on the 129th Street to the new scientific research park of the Xinghai Second Station. Now it is the office site of multiple companies.

Название : Здание Бывшей Центральной Лаборатории Южно-Маньчжурской Железнодорожной Компании
                                                                                         Размер : 25×38см

История :

    Центральная лаборатория Южно-Маньчжурской железнодорожной компании была расположена в доме №457 на улице Чжуншань г. Далянь. Она была построена в 1907 году с площадью застройки 6660 квадратных метров во французском и японском архитектурном стиле. В марте 1949 года она была переименован в Институт научных исследований Даляньского университета. В 1962 году она была официально названа Даляньским институтом химической физики Академии наук Китая. В 1995 году она была перенесена из ул. Иэрцзю (старого научного района) в станцию Синхайэрчжань (новый исследовательский парк). Теперь здесь находится много компаний.

作品名 : 満鉄中央実験所旧跡   サイズ : 25×38センチ

歴史背景 :

    満鉄中央実験所旧跡は、現大連市中山路457番地にある。1907年竣工、建築面積6660平方メートル、和風フランス式建築である。1949年3月大連大学科学研究所と改称された。1962年、正式に中国科学院大連化学物理研究所と名付けられた。中国科学院大連化学物理研究所は1995年に一二九街の科学研究区域から星海二站の新しい科学研究区域に移された。旧跡は現在多くの会社の事務所として使われている。

作品名称： 满铁中央试验所旧址　　　　　　　　**尺　寸：** 25×38厘米

历史背景：

　　满铁中央试验所，旧址位于今大连中山路457号。始建于1907年，建筑面积6660平方米，属于和风法式建筑。1949年3月，改称大连大学科学研究所。1962年，正式命名为中国科学院大连化学物理研究所。1995年从一二九街老科研区迁至星海二站新科研园区。现为多家公司的办公所在地。

Name: Dalian Nihonbashi   Size: 25×38 cm

Historical background:

   Dalian Nihonbashi, now known as the Shengli Bridge, is located at the intersection of Shengli Street and Shanghai Road in Xigang District. In 1899, Russia set up a cross-line wooden Russian-style bridge above the deep trench of the railway. It is 27 meters long and 3.6 meters wide, and is the earliest overpass bridge in the history of Dalian — Lucia Bridge(the Japanese named for it). In 1907, the Japanese demolished and rebuilt the wooden bridge. It was completed in March 1908, after which it was renamed as Nihonbashi with 97 meters in length and 22 meters in width.

Название：Бывший Японский Мост   Размер：25×38см

История：

   Бывший Японский мост расположен на пересечении ул. Шэнли и ул. Шанхай в районе Сиган г. Далянь, ныне известный как мост Шэнлицяо. В 1899 году россияне создали российский деревянный путепровод длиной 27 метров и шириной 3,6 метра над глубокой траншеей железной дороги. Это самый ранний мост как путепровод в истории Даляня — мост Люсия (название моста от японцев). В 1907 году японцы демонтировали и перестроили этот деревянный мост, завершили его в марте 1908 года. Новый мост был 97 метров в длину и 22 метра в ширину и был назван «Японским мостом».

作品名：大連日本橋旧跡   サイズ：25×38センチ

歴史背景：

   大連日本橋旧跡は、現大連市西崗区勝利街と上海路交差のところにある、今の勝利橋である。1899年ロシア人は鉄道の深い堀の上に、鉄道線路を跨ぐ長さ27メートル、幅3.6メートルのロシア式の木造橋を建造した。これが大連の歴史上最初の跨線橋、露西亜橋（この橋に対する日本人による呼称）である。1907年、日本人は木造の橋を取り壊し、長さ97メートル、幅22メートルの石橋を再建し、1908年3月竣工、「日本橋」と名付けた。

作品名称： 大连日本桥旧址 　　　　　　　　　　　　　　　　**尺　寸：** 25×38厘米

历史背景：

　　大连日本桥，旧址位于今大连市西岗区胜利街与上海路交汇处，即现在的胜利桥。1899年，俄国人在铁路的深沟上面架起了一座长27米、宽3.6米的跨线俄式木桥，这就是大连历史上最早的跨线桥——露西亚桥（日本人对这座桥的称谓）。1907年，日本人将木桥拆除重建，1908年3月竣工，建成后桥长97米，宽22米，并命名"日本桥"。

Name: Lvshun Museum   Size: 25×38 cm

Historical background:

    Lvshun Museum is located at No.42 on Lenin Street in Taiyanggou Area of Lvshunkou District. It occupies an area of more than 6,000 square meters and adopts the style of modern eclecticism. During Japanese colonial ruling period, Japan Kanto Military Prefecture reconstructed a museum on the basis of Army General Assembly Hall which was initially constructed by Tsarist Russia and remained unfinished. It was opened in 1917. The original name was Manchu and Mongolia Museum of Kanto Military Prefecture. After several renaming, it was officially named as the Lvshun Museum in 1954 and remains in use today. On May 18, 2008, Lvshun Museum became one of the first museums to be awarded the title – the National First-class Museum by the National Cultural Heritage Administration.

Название : Люйшуньский Музей   Размер : 25×38см

История :

    Люйшуньский музей был расположен в доме №42 на улице Ленин в живописном Тайянгоу в районе Люйшунькоу г. Далянь. С площадью застройки более 6000 квадратных метров музей принадлежит к зданию современного эклектического стиля. В период японского колониального правления Квантунское губернаторство Японии перешло в музей на базе незавершенного «клуба армейских генералов» царской Россией. Музей открылся в 1917 году. Первоначальным именем был зал продуктов маньчжуры и монголы Квантунского губернаторства. Позже он был переименован несколько раз. В 1954 году он был официально назван Люйшуньским музеем. И это название осталось в употреблении до сих пор. 18 мая 2008 года музей был назван одним из первых «Национальных музеев класса I» государственной администрацией культурного наследия.

作品名：旅順博物館   サイズ：25×38センチ

歴史背景：

    旅順博物館は、現大連市旅順口区太陽溝レーニン街42番地にある。建築面積6000平方メートル余リ、近代折衷主義風格建築物に属する。日本の大連殖民統治時期、日本関東都督府は、帝政ロシアが建設中だった「陸軍将校集会所」の基礎の上に博物館を築造して、1917年に開館した。当初は関東都督府満蒙物産館と称されたが、その後何度か改名された。1954年正式に旅順博物館と命名され、現在まで踏襲している。2008年5月18日、国家文物局により「国家一級博物館」として選定された。

作品名称：旅顺博物馆

尺　寸：25×38厘米

历史背景：

　　旅顺博物馆，旧址位于今大连市旅顺口区太阳沟列宁街42号，建筑面积6000多平方米，属于近代折中主义风格。日本殖民统治大连时期，日本关东都督府在沙俄未建成的"陆军将校集会所"的基础上改建为一座博物馆，于1917年开馆。最初名称是关东都督府满蒙物产馆，后来多次更名，于1954年正式定名为旅顺博物馆并沿用至今。2008年5月18日，被国家文物局评为首批"国家一级博物馆"。

Name: Dalian Cheng'en Christian Church   Size: 25×38 cm

Historical background:

Dalian Cheng'en Christian Church, commonly known as Beijing Street Christian Church, is located at No.605 on Changjiang Road in Xigang District. It was built in 1913. The entire church (including the main hall and pastoral building) occupies a total area of 1,705 square meters, of which the main building takes up 251.36 square meters. It is a religious architecture that combines both Chinese and Western architectural styles. Dalian Cheng'en Christian Church is the first official church established by the Danish Christian Lutheran Church in China.

Название : Здание Бывшой Даляньской Христианской Церкови Чэнэньтан   Размер : 25×38см

История :

Даляньская христианская церковь Чэнэньтан, обычно называющаяся церковью Пекинзен, была расположена в доме №605 на Улице Чанцзян в районе Сиган г. Далянь. Здание было построено в 1913 году. Все молитвенный дом (включая главный зал и пасторальное здание) занимает площадь 1705 квадратных метров , в том числе главный зал имеет площадь застройки 251,36 квадратных метра. Церковь сочетает китайские и западные архитектурные стили . Даляньская христианская церковь Чэнэньтан- первая официальная церковь, построенная датской христианской лютеранской церковью в Китае.

作品名：大連日本キリスト教承恩堂旧跡   サイズ：25×38センチ

歴史背景：

大連日本キリスト教承恩堂は、現在北京街教会堂と俗称され、旧跡は現大連市西崗区長江路605番地にある。1913年竣工、礼拝堂全体（主堂と教牧ビルを含む）の敷地面積1705平方メートル、主堂の建築面積251.36平方メートル、中国と西洋の折衷宗教建築風格。大連日本キリスト教承恩堂は、デンマークキリスト教ルター教会が中国で建てた初めての正式教会堂である。

大连北京街教堂
郭晓海 2011年6月7日

作品名称： 大连基督教承恩堂旧址 　　　　　　　**尺　寸：** 25×38厘米

历史背景：

　　大连基督教承恩堂，俗称北京街教堂，旧址位于今大连市西岗区长江路605号。该建筑建于1913年，整个礼拜堂（包括主堂与教牧楼）所占建筑用地共1705平方米，主堂建筑面积为251.36平方米，属于中西合璧宗教建筑。大连基督教承恩堂是丹麦基督教路德教会在中国建立的第一个正式教堂。

Name: Japan Christian Church   Size: 25×38 cm

Historical background:

Japan Christian Church is located at No.8 in the Youhao Square of Zhongshan District. It was built in August 1907. It is a three-floor Gothic building covering an area of 864 square meters. After the surrender in August 1945, Japan stopped all religious activities. Now it is a KFC restaurant.

Название：Здание Бывшой Церкови Святейшего Сердца Иисуса   размер：25×38см

История：

Церковь Святейшего Сердца Иисуса была расположена в доме №8 на площади Дружбы в районе Чжуншань г. Далянь. Эта трёхэтажнная Церковь была построена в 1907 году в готическом архитектурном стиле и с площадью 864 квадратных метра. В августе 1945 года после капитулирования Японии, религиозная деятельность в церкови прекратилась. И в настоящее время она является рестораном быстрого питания KFC.

作品名：大連日本キリスト教会堂旧跡   サイズ：25×38センチ

歴史背景：

大連日本キリスト教会堂旧跡は、現大連市中山区友好広場8番地にある。1907年8月竣工、建築面積864平方メートル、一階から三階まではゴシック式建築風格である。1945年8月、日本が投降した後、宗教活動を停止し、現在はケンタッキーが使っている。

作品名称： 大连日本基督教堂旧址　　　　　　　　　　　　**尺　寸：** 25×38厘米

历史背景：

　　大连日本基督教堂，旧址位于今大连市中山区友好广场8号。该建筑建于1907年8月，建筑面积为864平方米，共三层，属于哥特式建筑风格。1945年8月，日本投降后停止宗教活动，现为肯德基快餐厅。

Name: Dalian Trade and Exchange Office

Size: 25×38 cm

Historical background:

　　Dalian Trade and Exchange Office is located at No.1 in Gangwan Square of Zhongshan District. Established in September 1913, it was known as Dalian Important Property Trade and Exchange Office at that time. It was originally located at where now Dalian Port Association is located — No.2 in Gangwan Square. In February 1919, it was renamed as Dalian Trade and Exchange Office. In 1923, a new building was constructed at No.1 in Gangwan Square of Zhongshan District, occupying an area of 9,744 square meters. The architecture adopts European and American eclectic style. Now it is the Gangwan Square Branch of Dalian Bank.

Название : Здание Бывшой Даляньской Товарной Биржи

Размер : 25×38см

История :

　　Даляньская товарная биржа была расположена в доме №1 на портовой площади в районе Чжуншань г. Далянь. Установленная в сентябре 1913 года, она была тогда названа 《Даляньской важной товарной биржой》. Тогда биржа находилась в доме №2 на портовой площади, где теперь расположена Даляньская ассоциация портов . В феврале 1919 года она была переименован в 《Даляньскую товарную биржу》. В 1923 году новое здание было построено в доме №1 на портовой площади в районе Чжуншань с площадью 9744 квадратных метра. Это здание совмещает в себе электические архитектурные стили Японии , Европы и США . Это теперь отделение Даляньского Банка на площади Порта.

作品名：大連取引所旧跡

サイズ：25×38センチ

歴史背景：

　　大連取引所旧跡は、現大連市中山区港湾広場1番地にある。1913年9月設立、当時「大連重要物産取引所」と呼ばれ、その前は今の港湾広場2号の大連港協会にあった。1919年2月「大連取引所」に改名された。1923年、今の中山区港湾広場1番地に、建築面積9744平方メートル、和風と欧米折衷主義風格の新館が落成した。今は大連銀行港湾広場支店である。

作品名称： 大连贸易所 　　　　　　　　　　　　　　　　**尺　寸：** 25×38厘米

历史背景：

　　大连贸易所，旧址位于今大连市中山区港湾广场1号。1913年9月设立，当时名为"大连重要物产贸易所"，原址位于今港湾广场2号大连口岸协会位置。1919年2月，改称"大连贸易所"。1923年，在今中山区港湾广场1号位置建设的新馆落成，建筑面积为9744平方米，属于和风欧美折中主义建筑风格。现为大连银行港湾广场支行。

Name: Dalian Harbour Bureau   Size: 25×38 cm
Historical background:

   Dalian Harbour Bureau is located at No.1 on Gangwan Street in Zhangshan District. Built in 1916 and covering an area of more than 20,000 square meters, the seven-floor building with Renaissance style is now the office building of Dalian Port Corporation Limited.

Название : Здание Бывшего Административного Корпуса Даляньского Портового Бюро   Размер : 25×38см
История :

   Административный корпус Даляньского портового бюро был расположен в доме №1 на улице Ганвань в районе Чжуншань г. Далянь. Этот в американском стиле корпус был построен в 1916 году с площадью застройки более 20 тысяч квадратных метров и семью этажами. В настоящее время это офисное здание Даляньской портовой корпорации .

作品名：大連港務局ビル旧跡   サイズ：25×38センチ
歴史背景：

   大連港務局ビル旧跡は、現大連市中山区港湾街1番地にある。1916年竣工、建築面積2万平方メートル余り、7階建てで、アメリカルネッサンス式の建築である。今は大連港集団有限公司の事務ビルである。

作品名称： 大连港务局大楼旧址 　　　　　　　　　　　　　**尺　　寸：** 25×38厘米

历史背景：

　　大连港务局大楼，旧址位于今大连市中山区港湾街1号。该建筑建于1916年，建筑面积为2万余平方米，建筑楼层为7层，在设计上具有美国文艺复兴式建筑风格。现为大连港集团有限公司办公楼。

Name: Dalian Branch of China Custom Department

Size: 25×38 cm

Historical background:

Dalian Branch of China Custom Department is located at No. 86 on Renmin Road in Zhongshan District. It was built in 1914, covering an area of 2,443 square meters with a Gothic architectural style.It was the Custom Department in leased-territory of Japan which was established by Qing government and Republic of China in succession. In1949, it became the office building of Dalian Shipping Company. Now it is the office building of Liaoning Foreign Trade Light Industry Company.

Название : Здание Бывшей Даляньской Таможенной Заставы Китая

Размер : 25×38см

История :

Даляньская таможенная застава Китая была расположена в доме №86 на улице Жэньминь в районе Чжуншань г. Далянь. Это здание было построено в 1914 году с площадью застройки 2433 квадратных метра в готическом стиле. После завершения строительства это здание стало установленной таможней правительством Цин и правительством Китайской Республики в арендованной Японией территории Даляне. После 1949 года это было офисным зданием Даляньской судоходной компании. Теперь это офисное здание Ляонинской внешнеторговой компании лёгкой промышленности .

作品名：大連中国税関旧跡

サイズ：25×38センチ

歴史背景：

大連中国税関旧跡は、現大連市中山区人民路86番地にある。1914年竣工、建築面積2433平方メートル、ゴシック式建築である。竣工後、日本が租借した場所に設置した清政府と中華民国政府の税関として使われた。1949年以降は、大連航運会社の事務ビルであった。現在は遼寧省対外貿易軽工業会社の事務ビルである。

作品名称： 大连中国税关旧址　　　　　　　　　　　**尺　寸：** 25×38厘米

历史背景：

　　大连中国税关，旧址位于大连中山区人民路86号。该建筑建成于1914年，建筑面积为2433平方米，属于哥特式建筑风格。这座大楼建成后，成为清政府、中华民国政府设在日本租借地大连的海关。1949年后，此楼为大连航运公司的办公楼。现为辽宁省外贸轻工公司办公大楼。

Name: Dalian Civil Affair Department   Size: 25×38 cm

Historical background:

Dalian Civil Affair Department is located at No.2 in Zhongshan Square. Built in 1907 and covering an area of 3,350 square meters, it is a Gothic and Renaissance architecture. During the Japanese colonial ruling period, it was Dalian Civil Affair Department. Now it is Bank of Liaoyang Dalian Branch.

Название : Здание Бывшей Даляньской Гражданской Администрации   Размер : 25×38см

История :

Даляньская гражданская администрация была расположена в доме №2 на площади Чжуншань г. Далянь. Это Здание было построено в 1907 году с площадью застройки 3350 квадратных метров в стиле готического ренессанса. Во время японского колониального правления это был учреждение Даляньской гражданской администрации. Теперь это филиал Ляоянского Банка в Даляне.

作品名：大連民政署旧跡   サイズ：25×38センチ

歴史背景：

大連民政署旧跡は、現大連市中山広場2番地にある。1907年竣工、建築面積3350平方メートル、ゴシック式ルネッサンス風格の建築物。日本の殖民統治時期は大連民政役所であり、今は遼陽銀行大連支店の所在地である。

作品名称：大连民政署旧址   **尺　寸：**25×38厘米

历史背景：

　　大连民政署，旧址位于今大连市中山广场2号。该建筑建于1907年，建筑面积为3350平方米，是一座哥特式文艺复兴风格的建筑。在日本殖民统治时期，为大连民政署衙署。现为辽阳银行大连分行的所在地。

Name: Japan Yokohama Specie Bank Dalian Branch

Size: 25×38 cm

Historical background:

    Japan Yokohama Specie Bank Dalian Branch is located at No.9 in Zhangshan Square. Built in 1909 and covering an area of 2,804 square meters, the three-floor building features late European Renaissance style. Japan Yokohama Specie Bank Dalian Branch was a Japanese financial institution during the Japanese colonial ruling period. A new building was set up behind the old in 2005 and two buildings were connected with each other. Now it is Zhongshan Square Branch of Bank of China.

Название : Здание Бывшой Конторы Банка Иокохама Сёкин Гинко

Размер : 25×38см

История :

    Контора Банка Иокохама Сёкин Гинко была расположена в доме №9 на площади Чжуншань г. Далянь. Здание было построено в 1909 году с площадью 2804 квадратных метра и тремя этажами в архитектурном стиле позднего ренессанса. Контора Банка Иокохама Сёкин Гинко - Японское финансовое учреждение во время японского колониального правления. В 2005 году за старым зданием было построено новое офисное здание. Задняя стена старого здания и новое здание соединились. Теперь это филиал Банка Китая на площади Чжуншань.

作品名：日本横浜正金銀行大連支店旧跡

サイズ：25×38センチ

歴史背景：

    日本横浜正金銀行大連支店旧跡は、現大連市中山広場9番地にある。1909年竣工、建築面積2804平方メートル、三階建てで、ヨーロッパルネッサンス後半の建築風格である。日本横浜正金銀行大連支店は日本殖民統治時期の日系金融機構であった。2005年、元の建築物の裏に新しいビルを建てて、二つの建物をぶち抜きにした。今は中国銀行中山広場支店である。

日本横滨正金银行大连支店旧址
韩海 2007年9月7日

作品名称： 日本横滨正金银行大连支店旧址　　　　　　**尺　寸：** 25×38厘米

历史背景：

　　日本横滨正金银行大连支店，旧址位于今大连市中山广场9号。该建筑建于1909年，建筑面积2804平方米，大楼共三层，为欧洲文艺复兴后期建筑风格。日本横滨正金银行大连支店是日本殖民统治时期的日资金融机构。2005年时，在老建筑后建起了一座新的办公大楼，原有老建筑后墙与新大楼连成一体，现为中国银行中山广场支行。

Name: Bank of Qing Empire Dalian Branch   Size: 25×38 cm
Historical background:

Bank of Qing Empire Dalian Branch is located at No.7 in Zhangshan Square. Built in 1909 and with the floor area of 1,762 square meters, it was designed by Chinese and adopted Eclectic architectural style. During the Japanese colonial ruling period, it was the official bank set up by Qing Empire, namely Bank of Qing Empire Dalian Branch and the headquarter of Bank of Qing Empire was in Shanghai. Now it is Dalian Zhongshan Square Branch of CITIC Industrial Bank.

Название : Здание Бывшего Даляньского Филиала Банка Дайцина   Размер : 25×38см
История :

Даляньский филиал Банка Дайцина был расположен в доме № 7 на площади Чжуншань г. Далянь. Запланированное китайцами здание было построено в 1909 году с площадью 1762 квадратных метра в эклектичном архитектурном стиле. Во время японского колониального правления это был официальный банк, открытый правительством династии Цин в Даляне. Первоначально он назывался Даляньским филиалом Банка Дайцина, а штаб банка был в Шанхае. Теперь это Даляньский филиал CITIC Банка на площади Чжуншань.

作品名：大清銀行大連支店旧跡   サイズ：25×38センチ
歴史背景：

大清銀行大連支店旧跡は、現大連市中山広場７番地にある。1909年竣工、建築面積1762平方メートル、中国人の設計で、折衷主義風格の建築物である。日本殖民統治時期、清政府が大連に開いた政府筋の銀行で、初めの名称は大清銀行大連支店であった。本店は上海に設置されていた。今は中信実業銀行大連中山広場支店である。

大清银行大连支店旧址
韩士海 2017年10月2日

作品名称： 大清银行大连支店旧址　　　　　　　　　**尺　寸：** 25×38厘米

历史背景：

　　大清银行大连支店，旧址位于今大连市中山广场7号。该建筑建于1909年，建筑为面积1762平方米，属于折衷主义建筑风格，由中国人设计。在日本殖民统治时期，它是清政府在大连开办的官方银行，初称大清银行大连支店，本店设在上海。现在是中信实业银行大连中山广场支行。

Name: Dalian Yamato Hotel   Size: 25×38 cm

Historical background:

Dalian Yamato Hotel is located at No.4 in Zhongshan Square. Built in 1915, it occupies an area of 11,400 square meters and presents the Baroque Renaissance architectural style. In August 1945, the Soviet garrison headquarter in Dalian was set up here. On October 27, 1945, the Dalian municipal government was established here. In November, the Soviet garrison headquarter in Dalian was moved out. After that, it was the location of Dalian Branch of China International Travel Agency. In September 1956, the Dalian Branch of China International Travel Agency moved out and since then the site turned to be the Dalian Hotel.

Название : Здание Бывшего Отеля《Ямато》   Размер : 25×38см

История :

Отель 《Ямато》 был расположен в доме №4 на площади Чжуншань г. Далянь. Он был построен в 1909 году с площадью застройки 11400 квадратных метров в архитектурном стиле барокко ренессанса. В августе 1945 года здесь было создано советское командование. 27 октября 1945 года здесь был создан Даляньский муниципалитет. В ноябре выехало советское командование. Позже это был 《Даляньский филиал Китайского бюро международного туризма》. В сентябре 1956 года Даляньский филиал Китайского бюро международного туризма было отделено от отеля. И с тех пор отель был назван 《отель Далянь》.

作品名：大連大和旅館旧跡   サイズ：25×38センチ

歴史背景：

大連大和旅館旧跡は、現大連市中山広場4番地にある。1909年竣工、建築面積1.14万平方メートル、ルネッサンス風格のバロック式の建物である。1945年8月、ソ連軍大連守備隊司令部はここに設置され、約二か月後の10月27日に大連市政府が誕生した。11月，ソ連軍大連守備隊司令部が引越したあと「中国国際旅行社大連支社」となった。1956年9月，中国国際旅行社大連支社と旅館を分割し、以後「大連賓館」の名で営業している。

作品名称： 大连大和旅馆旧址 　　　　　　　　　　　**尺　寸：** 25×38厘米

历史背景：

　　大连大和旅馆，旧址位于今大连市中山广场4号。该建筑始建于1909年，建筑面积为1.14万平方米，属于文艺复兴风格的巴洛克式建筑。1945年8月，苏军驻大连警备司令部设于此。1945年10月27日，大连市政府在此成立，11月苏军驻大连警备司令部迁出，之后曾为"中国国际旅行社大连分社"。1956年9月，中国国际旅行社大连分社与宾馆分拆，自此启用"大连宾馆"之名。

Name: Dalian Kanto Post Office   Size: 25×38 cm
Historical background:

Dalian Kanto Post Office is located at No.10 in Zhongshan Square. Built in 1917, it occupies an area of 2,556 square meters. The building adopts European and American blending style. After 1955, it became the Dalian Post and Telecommunication Bureau. In the 1990s, when the postal service and telecommunication were separated, the telecommunication bureau moved out and thereafter it became the site of Dalian Post Office.

Название : Здание Бывшей Квантунской Почтово-Телеграфной Конторы   Размер : 25×38см
История :

Квантунская почтово-телеграфная контора была расположена в доме №10 на площади Чжуншань г. Далянь. Строительство Здания завершилось в 1917 году с площадью застройки 2556 квадратных метров в электическом архитектурном стиле Японии, Европы и США. После 1955 года здание стало почтовым отделением города Далянь. В 1990-х годах, когда почтовая служба и электросвязи были отделены, телеграфная контора вынеслась, и в дальнейшем это стало Даляньской почтой.

作品名：大連関東逓信局旧跡   サイズ：25×38センチ
歴史背景：

大連関東逓信局（逓信とは郵逓と電信の最後の字をとって組み合わせた言葉）旧跡は、大連市中山広場10番地にある。1917年竣工、建築面積2556平方メートル、和風欧米折衷主義建築である。1955年以後、大連市郵便局になっている。20世紀90年代、郵政と電信が分かれ、電信局は引っ越し、現在は大連市郵政局の所在地になっている。

作品名称： 大连关东递信局旧址　　　　　　　　　　　　**尺　寸：** 25×38厘米

历史背景：

　　大连关东递信局（递信即邮递和电信的后两字组合），旧址位于大连市中山广场10号。该建筑于1917年建成，建筑面积2556平方米，为和风欧美折衷主义建筑风格。1955年后，这里成为大连市邮电局。20世纪90年代，邮政和电信"分家"的过程中，电信局撤出，此后这里就成为了大连市邮政局的所在地。

Name: Dalian City Hall

Size: 25×38 cm

Historical Background:

Dalian City Hall is located at No.5 of Zhongshan Square. It was built in 1915, covering 9,870 square meters. The building adopts European and American blending style. Dalian City Hall moved to this complex in 1919. Now it is the location of the Dalian Branch of Industrial and Commercial Bank of China.

Название : Бывшее Здание Мэрии Дайрена

Размер : 25×38см

История :

Здание Мэрии Дайрена было расположено в доме №5 на площади Чжуншань г. Далянь. Это здание было построено в 1915 году с площадью застройки 9870 квадратных метров в электическом архитектурном стиле Японии, Европы и США. Мэрия Дайрена переехала в это здание в 1919 году. Это теперь Даляньский филиал Торгово-Промышленного Банка Китая.

作品名：大連市役所旧跡

サイズ：25×38センチ

歴史背景：

大連市役所旧跡は、現大連市中山広場5番地にある。1915年竣工、建築面積は9870平方メートル、和風欧米折衷主義風格の建築である。1919年、大連市役所はここに移った。今は中国工商銀行大連支店である。

大連市役所舊址
韓工海 二〇〇7年11月2日

作品名称： 大连市役所旧址　　　　　　　　　　　　　**尺　寸：** 25×38厘米

历史背景：

　　大连市役所，旧址位于今大连市中山广场5号。该建筑建于1915年，建筑面积为9870平方米，具有和风欧美折衷主义风格。1919年，大连市役所迁入此楼。现为中国工商银行大连分行。

Name: Dalian Jincheng Bank
Size: 25×38 cm
Historical Background:

Dalian Jincheng Bank is located at No.4 on Renmin Road in Zhongshan District. It was built in 1910. There are three floors on the ground(one more floor was added when Soviet army stationed in Dalian) and one floor under the ground. The complex occupies an area of 1,667 square meters with Japanese International style. It is now Huachang Branch of Dalian Bank.

Название : Здание Бывшего Отделения Далянь Цзиньчэн Банка
Размер : 25×38см
История :

Отделение Цзиньчэн Банка в Даляне было расположено в доме №4 на улице Жэньминь в районе Чжуншань г. Далянь. Это здание было построено в 1910 году с площадью застройки 1667 квадратных метров в японском архитектурном стиле. В здании 3 надземные (добавился 1 этаж советской армией) и 1 подземный этаж. Теперь это Хуачан отделение Даляньского Банка.

作品名：大連金城銀行旧跡
サイズ：25×38センチ
歴史背景：

大連金城銀行旧跡は、現大連市中山区人民路4番地にある。1910年竣工、地上3階（1945年ソ連軍が大連に駐在した時1階を増築した）、地下1階、建築面積は1667平方メートル、和風国際式建築物である。今は大連銀行華昌支店である。

作品名称： 大连金城银行旧址　　　　　　　　　　　**尺　　寸：** 25×38厘米

历史背景：

　　大连金城银行，旧址位于今大连市中山区人民路4号。该建筑建于1910年，地上三层（苏联军队驻大连时期增建一层），地下一层，建筑面积为1667平方米，属于和风国际式建筑风格。现为大连银行华昌支行。

Name: Japan Steamboat Corporation

Size: 25×38 cm

Historical Background:

Japan Steamboat Corporation is located at No.72 and 74. on Renmin Road in Zhongshan Square. The annex (at No.74 on Renmin Road), built in 1915, is a three-floor brick and wooden building covering an area of 1,086 square meters and features Eclectic architectural style. The main building (at No.72 on Renmin Road), built in 1932, is a modern architecture which was reconstructed twice to be seven-floor after the liberation. Now it is the office building of Dalian Land Resources and Housing Bureau.

Название : Здание Бывшего Даляньского Пароходного Общества

Размер : 25×38см

История :

Даляньское?Пароходное Общество было расположено в доме №72 и №74 на улице Жэньминь в районе Чжуншань г. Далянь. Пристройка (дом №74 на ул. Жэньминь) была построена в 1915 году с трёхэтажной кирпичной и деревянной структурой и с площадью застройки 1086 квадратных метров в эклектичном архитектурном стиле. Главное здание (дом №72 на ул. Жэньминь) было построено в 1932 году с площадью застройки 8787 квадратных метров в современном архитектурном стиле (после освобождения оно было добавлено дважды на 7-й этаж). Теперь это офисное здание Бюро Земельных и Природных Ресурсов и Бюро Жилищного Строительства города Далянь.

作品名：大連汽船株式会社旧跡

サイズ：25×38センチ

歴史背景：

大連汽船株式会社旧跡は、現大連市中山区人民路72番地と74番地にある。本館（人民路74番地）は1915年竣工、三階建て、レンガと木造の構造、建築面積は1086平方メートル、和洋折衷主義風格建築である。新館は（人民路72番地）1932年竣工、建築面積は8787平方メートル、現代建築（解放後、二度、7階まで増築した）である。今は大連市国土資源と家屋局の事務ビルである。

作品名称：大连汽船株式会社旧址　　　　　　　　尺　寸：25×38厘米

历史背景：

　　大连汽船株式会社，旧址位于今大连市中山区人民路72号和74号。附楼（人民路74号）建于1915年，为三层砖木结构，建筑面积为1086平方米，具有折衷主义建筑风格。主楼（人民路72号）建于1932年，建筑面积为8787平方米，为现代建筑（解放后，两次加建增至7层）。现为大连市国土资源和房屋局办公楼。

Unit Three   The old streets in Dalian

These old streets have experienced a-hundred-year vicissitude in Dalian. They have witnessed the ups and downs of city history, and they have carried the memory of Dalian. Each street, each lane, each brick and tile are all printed with the traces of history, reflecting the special historical development of Dalian.

Глава Ⅲ   Старинные Улицы в Даляне

Столетние улицы испытали превратности жизни, стали свидетелями взлетов и падений истории и изменений в городе, а также сохраняли память о Даляне. Улицы, переулки, кирпичи и черепицы, отпечатывая исторические следы, отражают особую историю и культуру Даляня.

第三部分   大連の古い街

百年の歴史を伝承した古街は、都市の長老のごとく、歳月の過酷な移り変わりを経験し、歴史の浮き沈みを見た、その変遷の証人である。都市の古街は、大連のひとつの街、ひとつの道、ひとつのレンガ、ひとつの瓦、それぞれに刻み込まれた特殊な歴史文脈と痕跡を、大連の記憶として、今日もまた受け継いでいっているのである。

第三单元 大连老街

传承百年的老街，它们经历了岁月的沧桑，目睹了历史的沉浮，见证了城市的变迁，也承载了大连的记忆。一街一巷、一砖一瓦无不印刻着历史的痕迹，反映着大连这座城市特殊的历史文脉。

Name: Dongguan Street in Dalian

Size: 25×38 cm

Historical background:

Dalian Dongguan Street is a large geographical area, which is commonly known as "Xiao Gang Zi", east from Yinghua street, west to the Market Street, south from the Yellow River Road, north to the Yangtze River Road Bridge Arch. According to the Historical Document of Xigang District, between the west of the Qingniwa Bridge and the northern section of the Beijing street, there is a small hillock, which is commonly called as "Xiao Gang Zi" by local people. Tsarist Russian colonists zoned this area as "the Chinese zone" for Chinese people to live in.

Название : Даляньская Улица Квантун

Размер : 25×38см

История :

Даляньская Улица Квантун - большой район, известный как 《Сяоганцзы》 с ул. Инхуа на востоке до ул. Шичан на западе, с ул. Хуанхэ на юге и до моста ул.Чанцзян на севере. Согласно историческим записям о районе Сиган города Далянь, небольшой холм, находяющийся на западе от моста Циннива и северной части от ул. Пекин, обычно называли 《Сяоганцзы》. Царские колонисты разделили район Сяоганцзы на 《Китайский город》, т.е. специальное место жительства для китайцев.

作品名：大連関東街

サイズ：25×38センチ

歴史背景：

大連関東街は、「小崗子」と俗称される広範囲の区域で、東の英華街を基準にすれば、西は市場街まで、南は黄河路まで、北は長江路大橋口までを指していた。《大連市西崗区歴史文献》によれば、大連青泥窪橋より西、北京街北の所に隆起した小丘があり、市民たちは「小崗子」と俗称していたという。帝政ロシア殖民者は「小崗子」地域を"中国区"として、中国人を住まわせた。

作品名称：大连东关街　　　　　　　　　　　　　　　尺　　寸：25×38厘米

历史背景：

　　大连东关街是一个很大的地理区域，俗称"小岗子"，东起英华街，西至市场街，南起黄河路，北至长江路大桥洞。据《大连市西岗文史资料》记载，在大连青泥洼桥以西、北京街北段，有隆起的小土岗，老百姓俗称"小岗子"，沙俄殖民者把小岗子地区划为"中国区"，专供中国人居住。

Name: The Guanghui Lane at the north of Shengli Bridge   Size: 25×38 cm
Historical background:

　　The north of Shengli Bridge is the starting point of the city construction in Dalian. Shengli Bridge is located at this triangle block among Tuanjie Street, Shengli Street and Yantai Street. This area is the only completely preserved old historical block in Shengli Bridge District, and it is also the first residential area in Dalian since the city existed.

Название : Переулок Гуанхуэй на Севере Моста Шэнлицяо I   размер : 25×38см
История :

　　Север моста Шэнлицяо является началом городского строительства Даляня, включая треугольный квартал, составленный улицами Туаньцзе, Шэнли и Яньтай. Это не только единственный сохранявшийся сплошный старный квартал на Севере моста Шэнлицяо, но и первый жилой район после установления города Далянь

作品名：大連勝利橋北側光輝巷——その一   サイズ：25×38センチ
歴史背景：

　　勝利橋北側は大連市の都市の起点で、団結街、勝利街と煙台街の間の三角区域にある。大連の歴史のある市街地の中でも、広範囲に残された唯一の古町であり、大連市設立以来最初の住宅団地でもある。

光辉巷之一、韩士海 2007年10月11日

作品名称： 大连胜利桥北光辉巷之一　　　　　　　**尺　寸：** 25×38厘米

历史背景：

　　胜利桥北是大连市城市建设的起点，位于团结街、胜利街和烟台街之间的三角形街区，不仅是胜利桥北历史街区中唯一成片保留下来的成片老街区，也是大连市建市后的第一个住宅区。

Name: The Guanghui Lane at the north of Shengli Bridge   Size: 25×38 cm
Historical background:

The Guanghui Lane is an irregular lane, winding across the Tuanjie Street and Yantai Street. Tsarist Russia left 161 old houses before leaving Dalian. But now only 38 of them are preserved now, most of which are also located here, with a typical European style.

Название : Переулок Гуанхуэй на Севере Моста Шэнлицяо II   Размер : 25×38см
История :

Переулок Гуанхуэй - нерегулярная улица, извилистая по улицам Туаньцзе и Яньтай. Перед уходом из города Далянь Россияне оставили 161 старый дом, и в том числе 38 домов в европейском стиле сохранились. Большинство из них также сосредоточено здесь.

作品名：大連勝利橋北側光輝巷——その二   サイズ：25*38センチ
歴史背景：

光輝巷は整然とした街ではなく、くねくねと団結街と煙台街をまたがっていた。ロシア人が大連を離れる前に残した161棟の古家屋は、今は38棟しか残っていなかった。濃厚なヨーロッパ式の家屋のほとんどはここに集中している。

作品名称： 大连胜利桥北光辉巷之二   **尺 寸：** 25×38厘米

历史背景：

    光辉巷是一条不规则的街巷，弯弯曲曲跨越了团结街和烟台街。俄国离开大连前留下了161座老房子，现存留的只有38座，多数也集中在这里，有非常浓重的欧式风格。

Name: The Guanghui Lane at the north of Shengli Bridge   Size: 25×38 cm
Historical background:

Originally, these houses were residences of senior executives of Tsarist Russian colonists and staff of the East Qing Railway. After the Russo-Japanese War, here became a Japanese residential area. After the liberation of Dalian, these buildings became the residences of the railway employees and their families.

Название : Переулок Гуанхуэй на Севере Моста Шэнлицяо Ⅲ   Размер : 25×38см
История :

Переулок Гуанхуэй — бывшее жильё старших административных сотрудников царской России и железнодорожников КВЖД. После русско-японской войны он стал японским жилым районом. После освобождения города Далянь он стал жильём железнодорожников.

作品名：大連勝利橋北側光輝巷——その三   サイズ：25×38センチ
歴史背景：

初めは帝政ロシアの高級行政職員と東清鉄道会社の社員の住所であったが、日露戦争後は日本人の住宅地になり、さらに大連が解放された後は鉄道職員の家族住宅地になった。

作品名称： 大连胜利桥北光辉巷之三　　　　　　　　**尺　寸：** 25×38厘米

历史背景：

　　最初这里是沙俄高级行政职员和东清铁路员工的住所。日俄战争之后，成为日本人居住区。大连解放后，成了铁路职工家属住宅区。

Name: The north of Shengli Bridge: the Yantai Street 1　　　　　　　　　　　　Size: 25×38 cm

Historical background:

Yantai Street is on the west side of Tuanjie Street, connected to the Russian Style Street. During the Russian colonial period, it was called Dimov Street. After the Russo-Japanese War, Japan took over Dalian and named it as Mountain City Street after a naval vessel – Mountain City Pill. After the liberation of Dalian, the Government of Dalian changed the name " Mountain City Street" into Yantai Street in 1946.

Название : Улица Яньтай на Севере Моста Шэнлицяо I　　　　　　　　　　　　Размер : 25×38см

История :

Улица Яньтай находится на западной стороне улицы Туаньцзе и интегрирована с русской улицей. Во время колонизации царской России её называли Димовской улицей . После русско-японской войны город Далянь находился под властью Японии. Японцы переименовали эту улицу как Ямаги-чо имени своего военно-морского корабля 《Шаньчо Мару》. После освобождения Даляня Народное правительство Даляня переименовало на улицу Яньтай в 1946 году.

作品名：大連勝利橋北側煙台街——その一　　　　　　　　　　　　サイズ：25*38センチ

歴史背景：

煙台街は、団結街の西側にあり、ロシア風の街とつながっている区画である。帝政ロシア殖民時期、ロシア名で季末夫街と呼ばれた。日露戦争後、大連を接収・管理した日本人は、海軍の軍艦「山城丸」の名前をとり、ここを山城町と呼んだ。大連解放後、大連人民政府は1946年に山城町を煙台街と改名した。

作品名称：大连胜利桥北烟台街之一　　　　　　　　　**尺　寸：**25×38厘米

历史背景：

　　烟台街在团结街西侧，与俄罗斯风情街连片成一个整体。沙俄殖民时期，这里叫季末夫街。日俄战争之后，日本接管大连。日本人以其海军军舰"山城丸"之名把这里改叫作山城町。大连解放后，大连人民政府于1946年改山城町为烟台街。

Name: The north of Shengli Bridge: the Yantai Street 2   Size: 25×38 cm

Historical background:

    During the Japanese occupation period, some "White Russians" – Russian refugees – exiling in China in the first half of twentieth century still lived in Dalian. The area around Yantai Street was their settlement. In 1939, they set up a private expatriate school there. In 1945, the Soviet army entered and were stationed in Dalian. Ten years later, the Soviet army left and most of these "White Russians" also returned with them to their country. The school became a historical memory and disappeared in the development of the city.

Название : Улица Яньтай на Севере Моста ШэнлицяоⅡ   Размер : 25×38см

История :

    В период оккупации Японией в центре города Далянь ещё жили 《Белые Россияне》 (русские беженцы, которые были изгнаны в Китай в первой половине 20-го века), а улица Яньтай была их более концентрированным местом жительства. В 1939 году они также основали здесь частную эмигрантскую школу. В 1945 году советские войска дислоцировались в Даляне. Через 10 лет советские войска отошли. Большинство 《Белых Россиян》 тоже вернулись в Советский Союз. Их школа также стала памятью и исчезла в ходе городского развития.

作品名：大連勝利橋北側煙台街——その二   サイズ：25×38センチ

歴史背景：

    日本が大連を占領した時期、大連市内には依然として"白俄"（20世紀上半期中国に亡命したロシア難民のこと）が住んでいて、煙台街一帯は彼らの集中的な住宅地であった。1939年にはこの辺に私立の学校も創設された。1945年ソ連軍は大連に進駐した。10年後ソ連軍は撤退した。そのとき"白俄"もソ連軍のあとについて、ソ連に帰国した。この学校も、都市の発展の流れに従って歴史の記憶となった。

作品名称： 大连胜利桥北烟台街之二　　　　　　　　　**尺　寸：** 25×38厘米

历史背景：

　　日本侵占大连时期，大连市区依然居住着一些"白俄"（20世纪上半叶流亡于中国的俄罗斯难民），烟台街一带是他们较为集中的居住地。1939年，他们还在这一带创办了一所私立侨民学校。1945年，苏军进驻大连，10年后苏联军队撤离，这些"白俄"大多也跟随着返回了苏联，这所学校也成了历史记忆，消失在城市发展之中。

Name: Fengming Street   Size: 25×38 cm

Historical background:

Fengming Street is a century-old street. The street is about 6 meters wide and 1200 meters long. On both sides, there are more than 100 buildings built during the period from 1920s to 1940s, and most of them are two-floor, featuring Japanese and European architectural style. Each of these small building is unique in its style, rarely duplicated, and has a separate garden. They possess high ornamental, research and historical data value.

Название：Улица Фэнмин   Размер：25×38см

История：

Улица Фэнмин -улица в Даляне с более 100-летней историей с шириной около 6 метров и длиной около 1200 метров. Стояли здесь по обе стороны улицы более 100 зданий, построенных в 20, 30 и 40 годах 20 века. Это в основном двухэтажные здания, обычно известные как ?японские дома?. Эти ?японские дома? были своеобразны по форме, разны и оборудованы отдельным двором с большой декоративной и исследовательской ценностью как исторические материалы.

作品名：大連鳳鳴街   サイズ：25×38センチ

歴史背景：

大連鳳鳴街は、百年の歴史を持っている古い街路である。幅は約6メートル、長さは約1200メートルである。街の両側には20世紀20～40年代の和風ヨーロッパ式の建築が100棟ほど建ち並んでいて、ほとんどが二階建てで、日本房と呼ばれた。いずれも奇抜で、独自の庭があり、観賞、研究と歴史の価値が高い。

作品名称：大连凤鸣街　　　　　　　　　　　**尺　　寸**：25×38厘米

历史背景：

　　大连凤鸣街是大连市的一条百年老街。这条街宽约6米，长约1200米。街两侧原有100余栋建于20世纪20—40年代的和风欧式建筑，大多是两层，俗称"日本房"。小楼造型别致，极少重复，并都配有独立的院落，具有很高的观赏、研究和史料价值。

Name: Gorky Road   Size: 25×38 cm

Historical background:

Gorky Road was built in 1909. Afterwards many architectures were built along the road. At the end of the 1920s, the international architectural style became popular, and then a block with special architectural styles was formed here. Among diverse styles in this block, the Japanese architectural style prevailing in modern transitional period dominates, which combines eastern and western cultures and blends western classical architectural elements. But many of them are not successfully designed and look grotesque. In June 1946, Dalian began to decolonize place names and the road was named as Gorky Road.

Название : Дорога Горького   Размер : 25×38см

История :

Дорога Горького была построена в 1909 году. Затем наблюдались дома по обе стороны улицы. В конце 1920-х были в моде международные архитектурные стили. Здесь постепенно сформировался квартал с особенными архитектурными стилями, в том числе сохраняя восточную культуру, типичные здания в стиле японского современного переходного периода соединили западные классические архитектурные элементы. Но много зданий не получились, в результате чего здесь появились некоторые здания странные. В июне 1946 года начали удалить колонизацию имени места в Даляне. И так получилась дорога Горького.

作品名：大連ゴーリキー路   サイズ：25×38センチ

歴史背景：

大連ゴーリキー路は1909年から建設が始まり、先に道ができてから、家屋ができていった。20世紀20年代末、国際建築風格が流行し始め、この辺はだんだんと特別な建築風格の町になった。典型的なのは、日本近代過渡期の建築風格で、東方文化の要素を保留すると同時に西洋の古典的要素も取り入れたが、ほとんどは失敗例で、意図したものとは似ても似つかない不思議な建築物が現れた。1946年6月、大連市は殖民化された地名を取り除き、ゴーリキー路の名前を誕生させた。

作品名称：大连高尔基路　　　　　　　　　　　　　　　**尺　寸：**25×38厘米

历史背景：

　　大连高尔基路始建于1909年，先有路后有房。20世纪20年代末，国际建筑风格开始流行，这里逐渐形成了一个具有特殊建筑风格的街区。比较典型的是日本近代过渡时期建筑风格，在保留东方文化的同时融入西洋古典建筑元素，但很多并不成功，于是，这里就出现了一些不伦不类的奇异建筑。1946年6月，大连市开始去殖民化地名，高尔基路的名字由此诞生。

Name :Kaoshan Street of Taiyanggou Area, Lvshunkou District   Size: 25×38 cm

Historical background:

　　The urban construction of Taiyanggou Area began in the Tsarist Russian colonial period. After the end of the Russo- Japanese War, the Japanese invaders, as the winner in the war, not only looted the interests of Russia in Lvshun, but also adopted their urban construction plan to build a new urban area in the Taiyanggou and set up the main Kanto government administration agencies there.

Название : Улица Каошань в Живописном Тайянгоу Района Люйшунькоу   Размер : 25×38см

История :

　　Строительство живописного района Тайянгоу началось в колониальный период царской России. После русско-японской войны арендные права на Порт-Артур уступлены Японии. Японцы продолжали строительство по российским планам строить Тайянгоу, и разместили здесь главные административные учреждения Квантунской области.

作品名 : 旅順口区太陽溝の靠山街   サイズ : 25×38センチ

歴史背景 :

　　太陽溝の都市建設は、帝政ロシア殖民時期から始まった。日露戦争で勝利を収めた日本侵略者は、帝政ロシアの旅順での利益をすべて強奪しただけでなく、都市建設の理念も受け継ぎ、引き続いて太陽溝で新しい都市を建設したうえで、関東庁の重要行政機関をここに設置した。

作品名称：旅顺口区太阳沟之靠山街　　　　　　　　　　　　**尺　寸：**25×38厘米

历史背景：

　　太阳沟的城市建设始于沙俄殖民时期。日俄战争结束后，取得胜利的日本侵略者不但攫取了沙俄在旅顺的全部利益，还继承了他们的城市建设理念，继续在太阳沟建设新市区，并把关东厅的主要行政机关都设在这里。

Name :The Guangrong Street of Taiyanggou Area, Lvshunkou District   Size: 25×38 cm
Historical background:

   Around 1937, Dalian had surpassed Lvshun in all aspects due to the continuous construction for more than 30 years, which had become a central city in the areas governed by Kanto Hall. The Japanese colonial authorities moved the important administrations of Kanto Hall to Dalian. Then Lvshun became an important military area and its urban construction was also basically stagnated.

Название : Улица Гуанжун в Живописном Тайянгоу Района Люйшунькоу   Размер : 25×38см
История :

   В году 1937 после более 30-летнего строительства, городские районы Даляня во всех отношениях превзошли Люйшунькоу и стали центральным городом на территории Квантунской области. И японская власть переместила Казённое учреждение Квантунской области и другие учреждения в Далянь, а Люйшунькоу стал важной военной базой. Его строительство также в основном застаивалось.

作品名：旅順口区太陽溝の光栄街   サイズ：25×38センチ
歴史背景：

   1937年前後、大連は30年の都市建設を経て、各方面では、旅順を超えて、関東州境界内での中心都市になっていた。そのため、日本殖民統治当局は、関東州庁などの主要機関を大連に移した。旅順はただ完全に軍事要地になり、それからは旅順の都市建設も基本的に停滞した。

作品名称： 旅顺口区太阳沟之光荣街　　　　　　　　　　　**尺　寸：** 25×38厘米

历史背景：

　　1937年前后，大连市城区在经过30多年的建设后，各方面都超越旅顺，成为关东州境内的中心城市。因此，日本殖民统治当局将关东州厅等机关都迁到大连，旅顺则完全成为军事重地，其城市建设也基本停滞。

Name: The Wenming Street of Taiyanggou Area, Lvshunkou District   Size: 25×38 cm
Historical background:

    After the surrender of Japan in August 1945, according to the Yalta Agreement, the Lvshun harbour was occupied by the Soviet Union. The Taiyanggou Area was still a military area of importance. In 1955, the USSR returned Lvshun to China. The Chinese People's Liberation Army took over the defense of Lvshun. The buildings in Taiyanggou have been well preserved because most of them were army barracks. Time seems still here. Although it has been through 80 years , it basically maintains the appearance of 1937.

Название : Улица Вэньмин в Живописном Тайянгоу Района Люйшунькоу   Размер : 25×38см
История :

    В августе 1945 года, после поражения и капитуляции Японии, согласно Ялтинскому соглашению, СССР восстановил оккупировать Порт-Артур. Тайянгоу остался важной военной базой. В 1955 году правительство СССР передало Порт-Артур Китаю. И Народно-освободительная армия Китая принимала Лушунскую службу обороны. Благодаря тому, что много зданий в основном были казармами для войск, они хорошо сохранились. Время вроде бы застопорилось здесь. Несмотря на то, что прошло 80 лет, Тайянгоу практически сохранил свою внешность в 1937 году.

作品名：旅順口区太陽溝の文明街   サイズ：25×38センチ
歴史背景：

    1945年8月、日本の降伏後、旅順港はヤルタ協定によりソ連に占有され、太陽溝は依然として軍治要地のままであった。1955年ソ連は旅順を中国に返還して軍隊も撤退させた。その後中国人民解放軍が旅順の防備事務を接収することになる。太陽溝の建築物のほとんどは軍治要地の兵舎として使われ続けたために、完全に保存されたのである。ここはまだ時間が停滞しているように、80年を経ても、基本的に1937年当時の模様を持ち続けている。

作品名称： 旅顺口区太阳沟之文明街 　　　　　　　　　　**尺　寸：** 25×38厘米

历史背景：

　　1945年8月，日本战败投降后，根据《雅尔塔协定》，旅顺港由苏联占用，太阳沟仍然是军事重地。1955年，苏联将旅顺还给中国，中国人民解放军接收了旅顺防务。正因为太阳沟的建筑多为部队营房，所以才得以很好地保存下来。时间在这里似乎是停滞的，虽然又过去了80年，但它基本上保持了1937年时的模样。

Name : The Maolin Street of Taiyanggou Area, Lvshunkou District   Size: 25×38 cm

Historical background:

   The Taiyanggou Area, a historical and cultural area of Lvshunkou District, is an unique region that has undergone centuries of trials and tribulations in the modern history of China. There are well preserved old blocks and buildings along the street. A large number of historical sites and well preserved blocks here are rarely seen in any other places in China. Each building and site has its own history. If these are related with each other, it is a half modern history of China. Therefore these buildings can be described as "a live open-air museum of architecture"

Название : Улица Маолинь в Живописном Тайянгоу Района Люйшунькоу   Размер : 25×38см

История :

   Исторический и культурный Тайянгоу района Люйшунькоу в Даляне — это уникальный район, который пережил сто лет современной китайской истории. Здесь есть много сохранившихся в целости старинных улиц, старинных зданий и старинных домов. Это также очень редко и во всей стране. Каждое здание и каждая?развалина несет часть истории. Если свяжите историю этих зданий вместе, то получится половина современной истории Китая. Район Тайянгоу заслужил 《Музей архитектуры под открытым небом》.

作品名：旅順口区太陽溝の茂林街   サイズ：25×38センチ

歴史背景：

   大連市旅順口区太陽溝歴史文化区は、百年の中国近代史の苦労を経た独特な区域であり、古建築、古家屋が完全に保存されている古町である。多くの歴史遺跡の中で、完全に保存された遺跡は全国でもまれにしかみることはできない。茂林街の建物遺跡はその期間の歴史をそれぞれ持っている。それぞれの建物の持った歴史を紡いでいけば、中国近代史の半分を語ることができる。それを「露天建築博物館」と称しても過言ではない。

作品名称：旅顺口区太阳沟之茂林街　　　　　　　　　　**尺　寸：**25×38厘米

历史背景：

　　大连市旅顺口区太阳沟历史文化区，是一个饱经百年中国近代史风雨洗礼的独特区域，这里有保存完整的老街区、老建筑。历史遗址之多、街区保存之完整，全国实属罕见。每栋建筑物、每处遗址都承载着一段历史，把这些建筑物的相关历史穿起来，就是半部中国近代史，"露天建筑博物馆"实至名归。